高等职业教育土建专业系列教材

工程制图基础习题集

（第二版）

主　编　卓维松

副主编　李云辉　邓　芹

南京大学出版社

图书在版编目(CIP)数据

工程制图基础习题集 / 卓维松主编. — 2 版. — 南京 : 南京大学出版社, 2021.6
ISBN 978-7-305-24480-3

Ⅰ. ①工… Ⅱ. ①卓… Ⅲ. ①工程制图—高等职业教育—习题集 Ⅳ. ①TB23-44

中国版本图书馆 CIP 数据核字(2021)第 090621 号

出版发行 南京大学出版社
社　　址 南京市汉口路 22 号　　邮　编 210093
出 版 人 金鑫荣

书　　名 工程制图基础习题集
主　　编 卓维松
责任编辑 朱彦霖　　编辑热线 025-83597482

照　　排 南京南琳图文制作有限公司
印　　刷 南京人文印务有限公司
开　　本 787×1092 1/16 印张 7.75 字数 76 千
版　　次 2021 年 6 月第 2 版 2021 年 6 月第 1 次印刷
ISBN 978-7-305-24480-3
定　　价 24.00 元

网址: http://www.njupco.com
官方微博: http://weibo.com/njupco
微信服务号: njutumu
销售咨询热线: (025) 83594756

内容简介

本书是《工程制图基础》(第二版)的配套教材,内容包括分为两大模块知识,一是投影基础模块;二是制图基础模块。投影基础模块主要介绍了点线面投影、基本几何体投影;制图基础模块主要介绍了制图基础知识、组合体投影、轴测投影、剖面图与断面图以及标高投影等。习题集中练习题的题型、题量、难度都比较适中,特别适合现在高职院校学生使用。

本书可作为高等职业院校的建筑工程技术、道路桥梁工程技术、市政工程技术、建设工程监理、工程造价、建筑装饰工程技术、建筑工程管理、地下与隧道工程技术、工程测量技术等土建类专业基础教材的配套教材。可作为其他职业教育、成人高校、广大自学者以及工程技术人员的学习教材,也可以作为退役军人、下岗职工等培训学习教材。

第二版前言

《工程制图基础》(第二版)是一门实践性很强的课程。在完成课堂学习的同时,学生必须完成适当适量的习题练习。本习题集与卓维松主编的教材《工程制图基础》(第二版)配套使用。在编写中,各章习题内容的选取按照“由易到难、循序渐进”原则。

本习题集由福建船政交通职业学院卓维松担任主编,福建船政交通职业学院李云辉、湘西民族职业技术学院邓芹担任副主编。第1、2、7章由福建船政交通职业学院卓维松编写;第3章由湘西民族职业技术学院邓芹编写;第4、5、6章由福建船政交通职业学院李云辉编写。最后由卓维松主编统稿并定稿。

本书在编写过程中参考部分同学科的习题集,在此一并向相关作者致以衷心的感谢!由于编者理论水平和实践经验有限,书中难免有不足之处,敬请使用本书的师生与读者批评指正,以便修订时改进。

编　者

2021年3月

目　录

第一部分　投影基础模块

第二部分　制图基础模块

第一部分　投影基础模块

专业________ 班级________ 学号________ 姓名________ 成绩________

第一章 《点、线、面的投影》练习题

1－1 三面投影图

(1) 根据立体图找三面投影图。

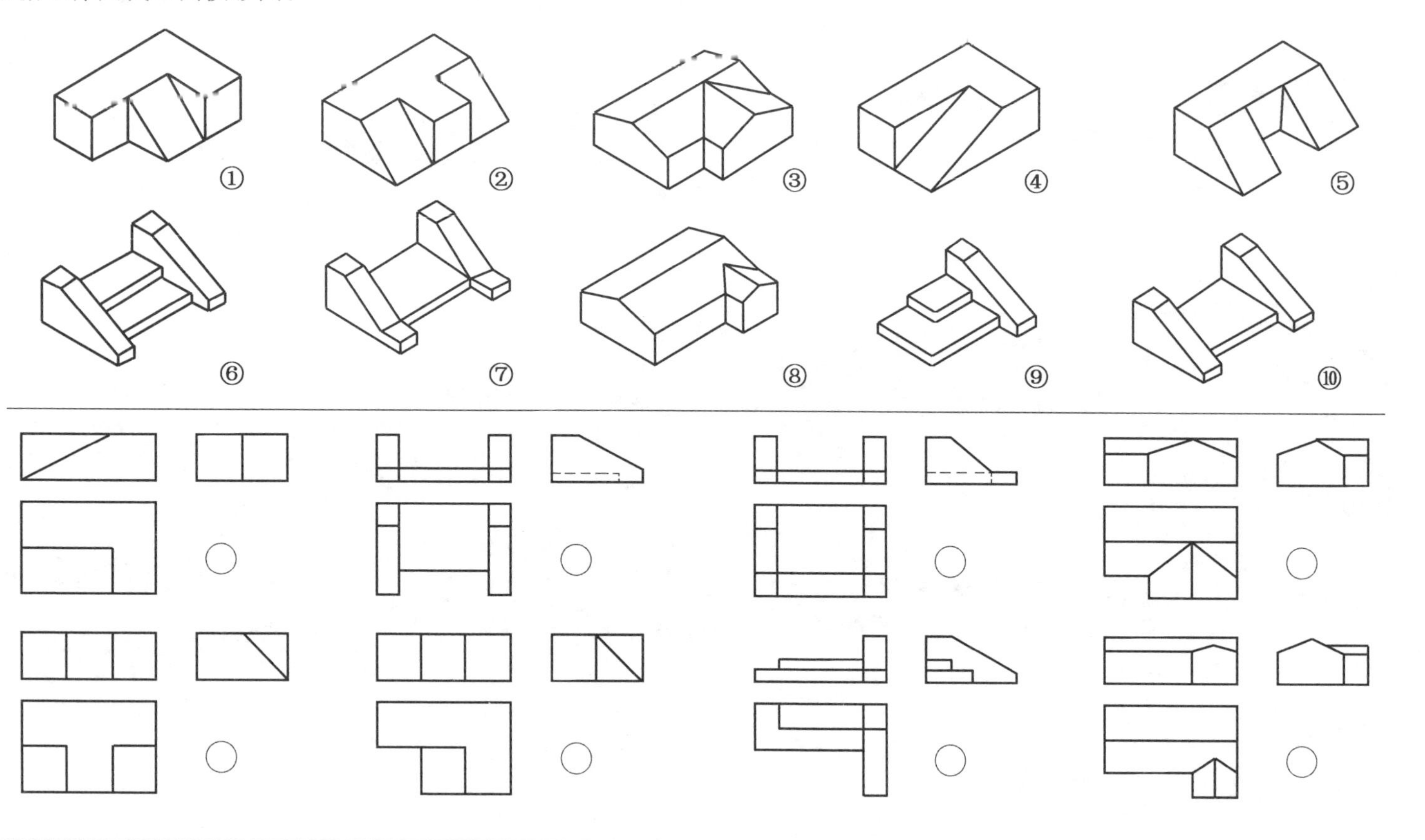

专业________ 班级________ 学号________ 姓名________ 成绩________

1-1 三面投影图

(2) 将两面投影的序号填入对应的立体图的括号内。

( ) ( ) ( ) ( ) ( ) ( )

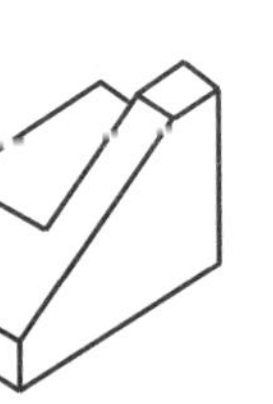
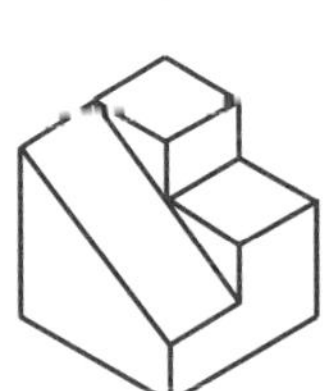
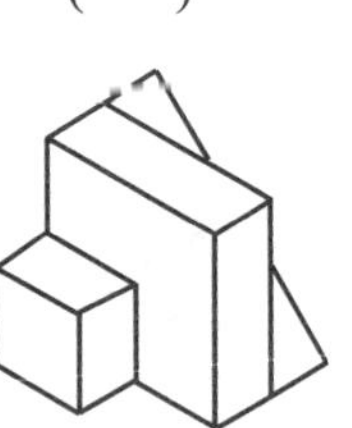
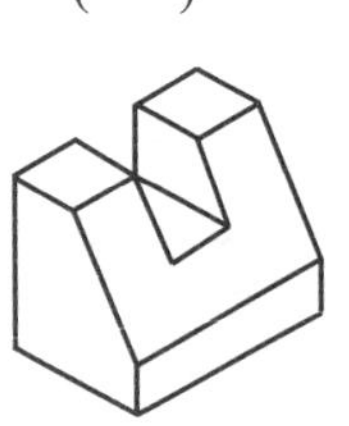

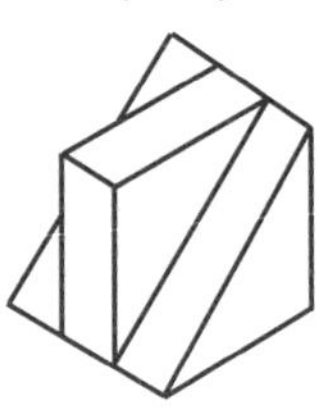

(1)

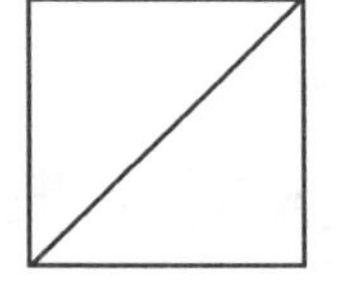

(2)

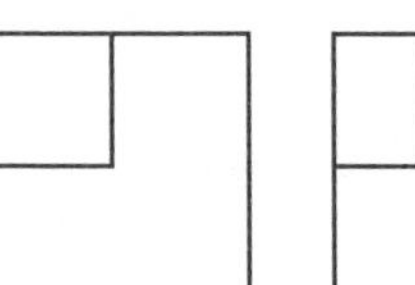
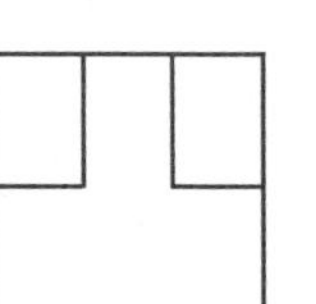

(3)

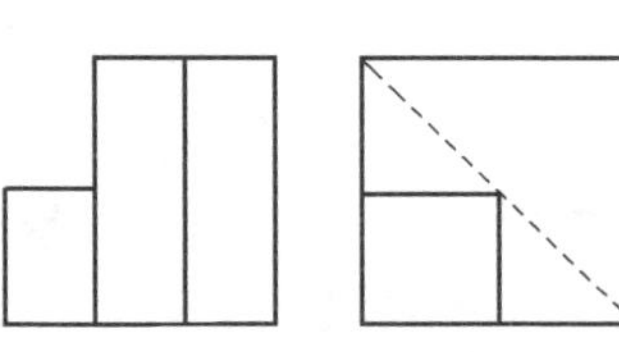

(4)

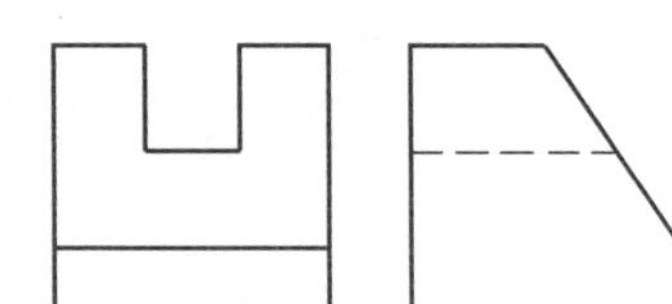

(5)

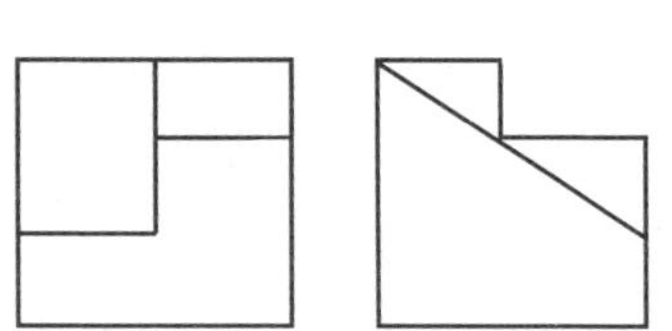

(6)

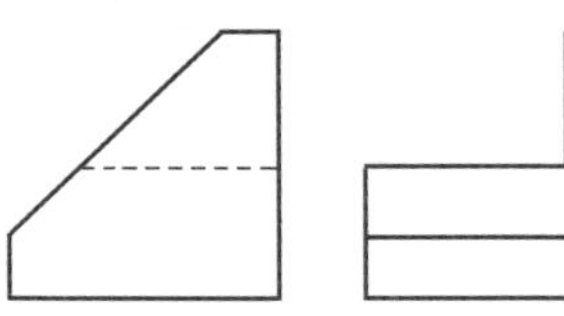

专业________　　班级________　　学号________　　姓名________　　成绩________

1-1　三面投影图

(3) 将 H 面投影的序号填入对应立体图的括号内。

(　　)
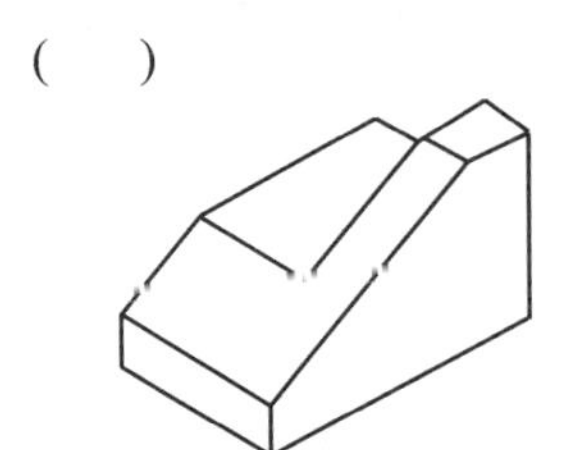
(　　)
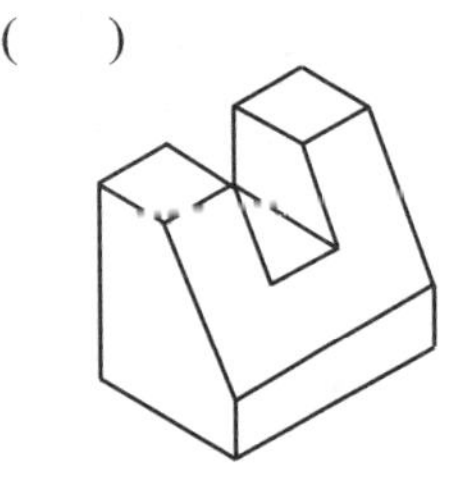
(　　)
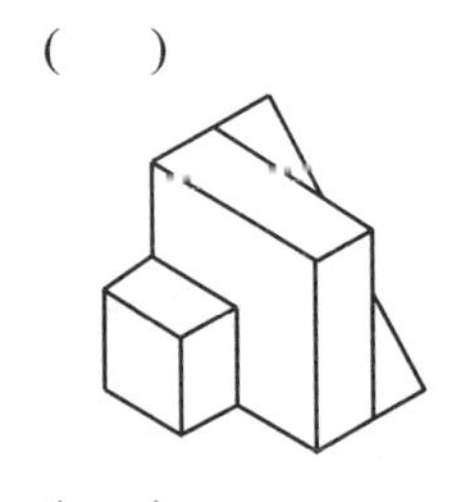
(　　)
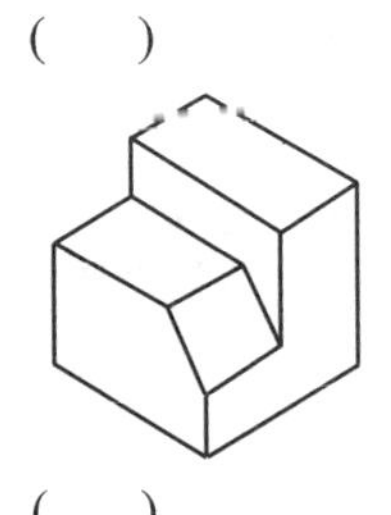
(　　)
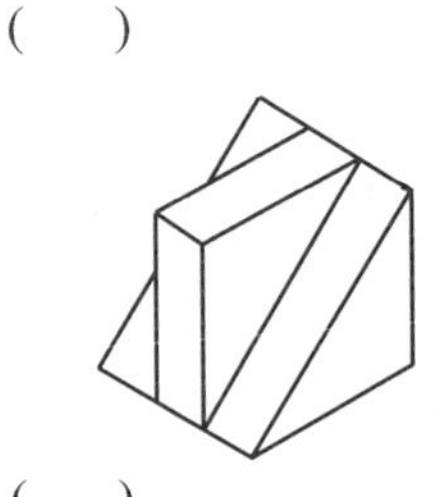

(　　)
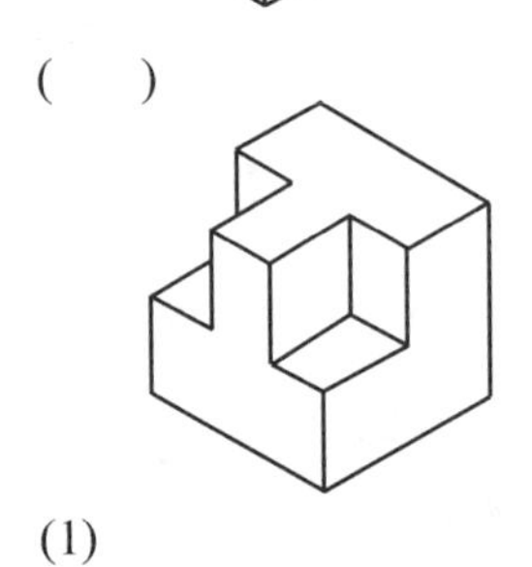
(　　)
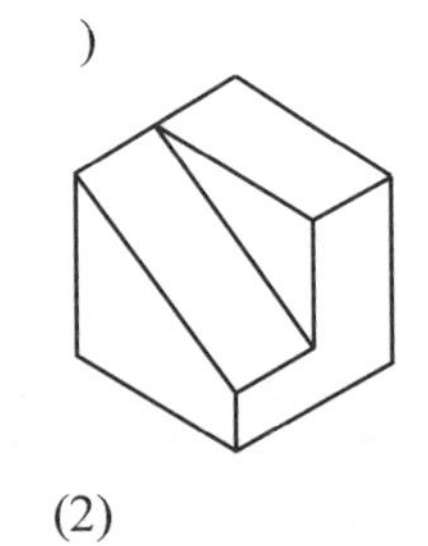
(　　)
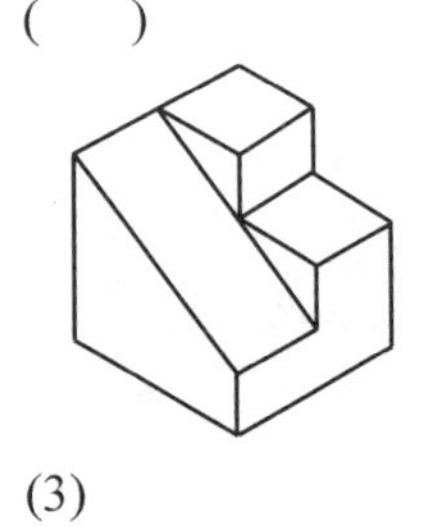
(　　)
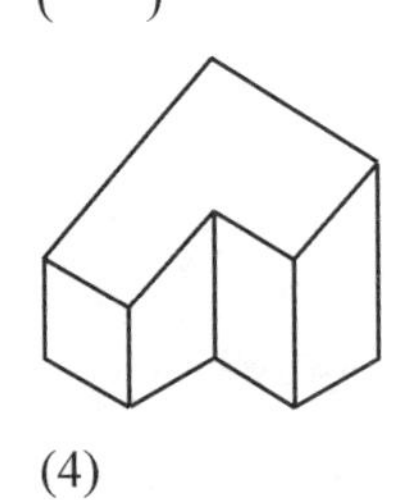
(　　)
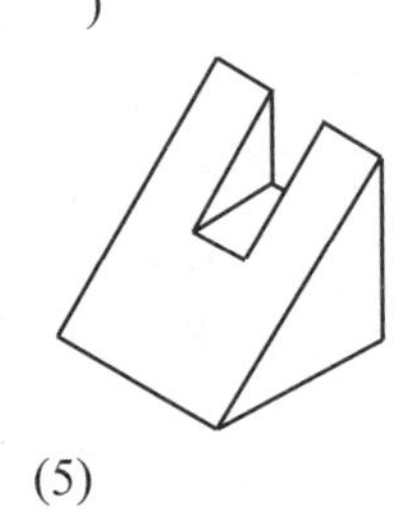

(1)
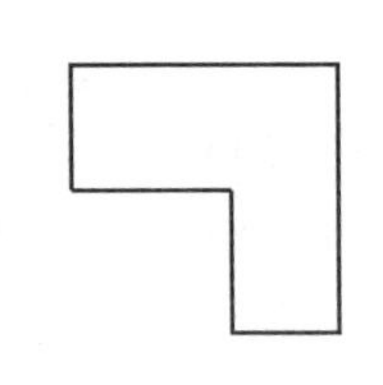
(2)
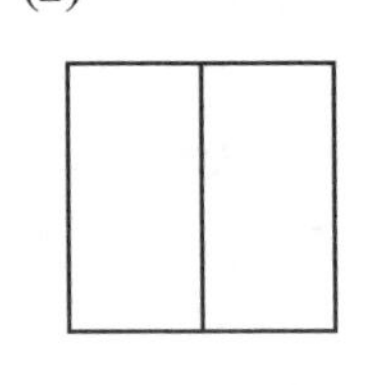
(3)
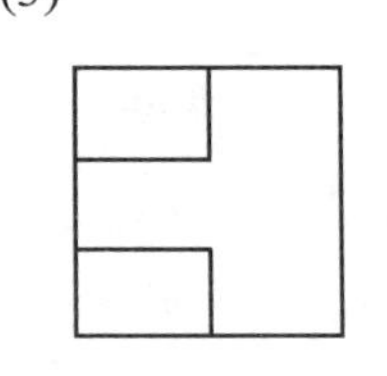
(4)
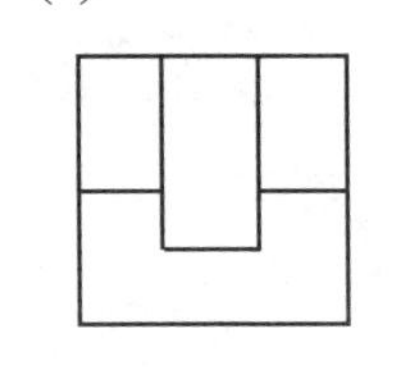
(5)
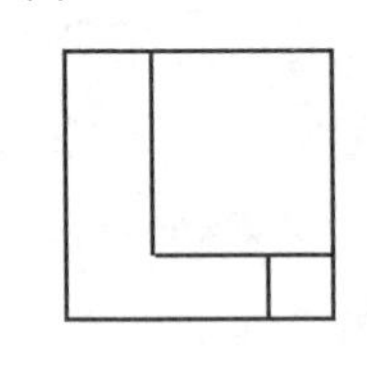

(6)
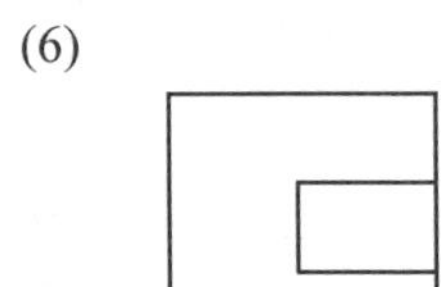
(7)
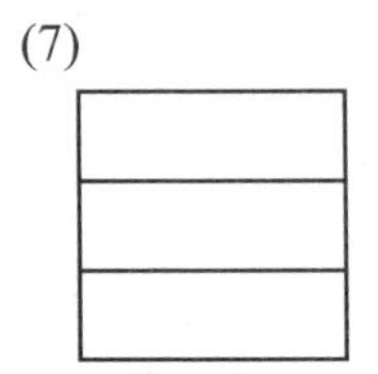
(8)
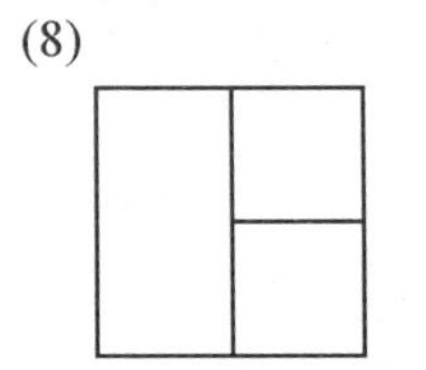
(9)
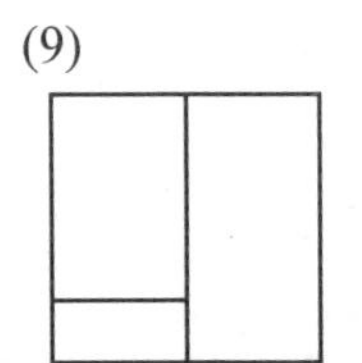
(10)

专业________ 班级________ 学号________ 姓名________ 成绩________

1-1 三面投影图

(4) 在右边空白处,画出所给形体的三面投影图(1∶1)。

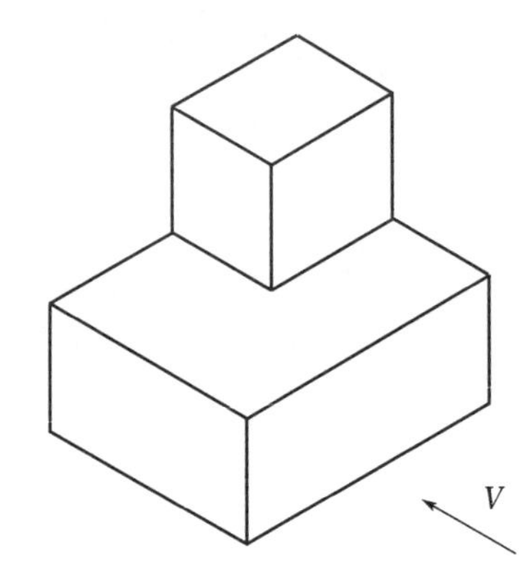

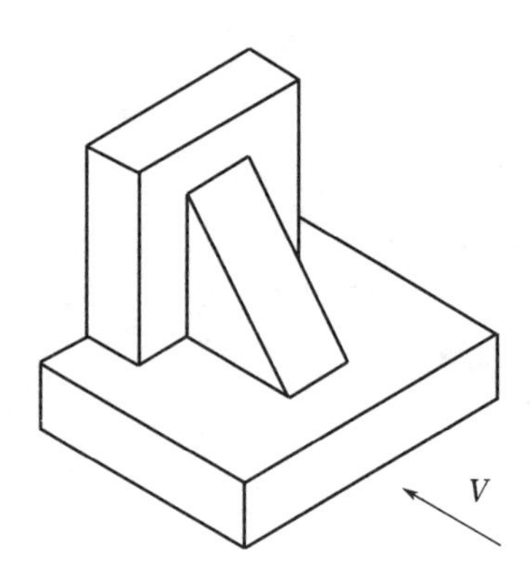

专业________　　班级________　　学号________　　姓名________　　成绩________

1-1　三面投影图

(5) 在右边空白处，画出所给形体的三面投影图(1∶1)。

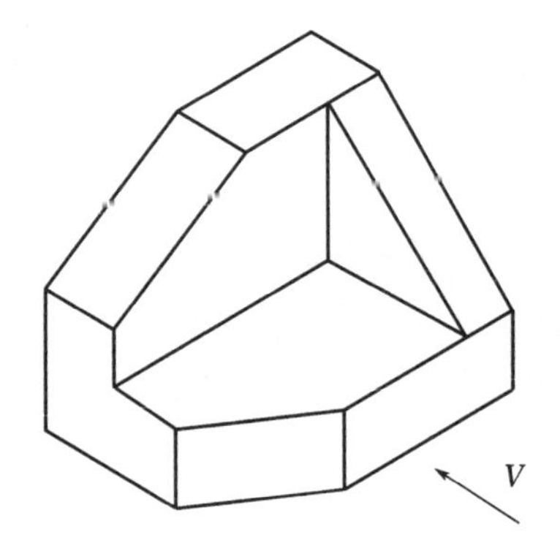

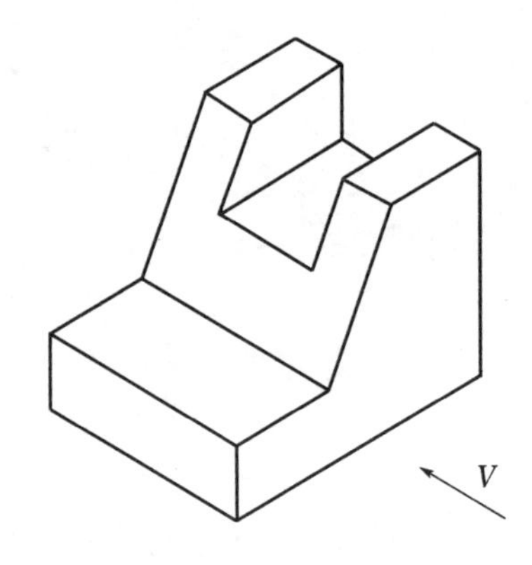

专业________　　班级________　　学号________　　姓名________　　成绩________

1－2　点的投影

(1) 已知各点的空间位置，画出各点的三面投影，在图上直接量取。

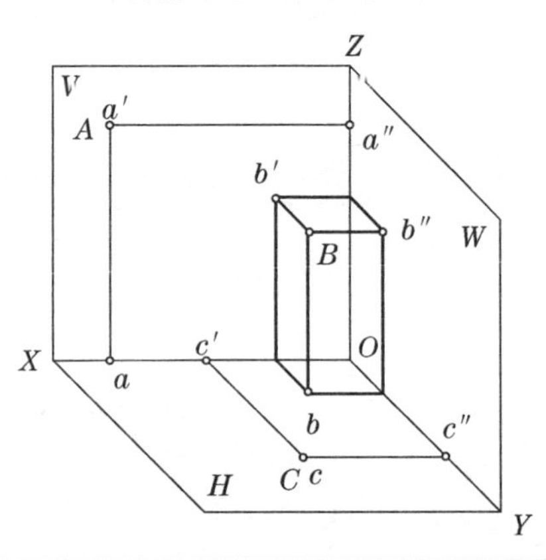

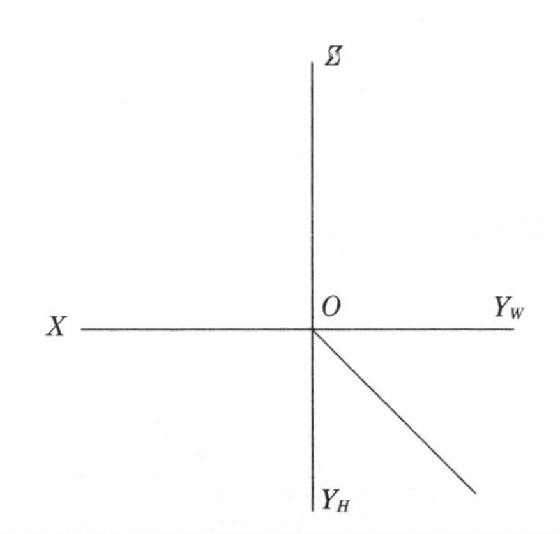

(2) 已知各点的两面投影，求出各点的第三面投影。

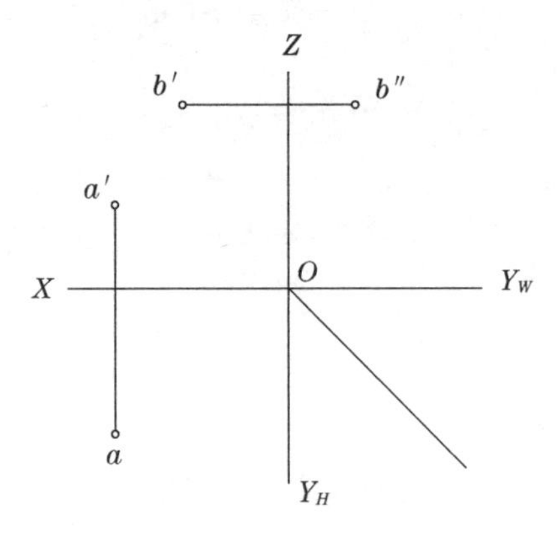

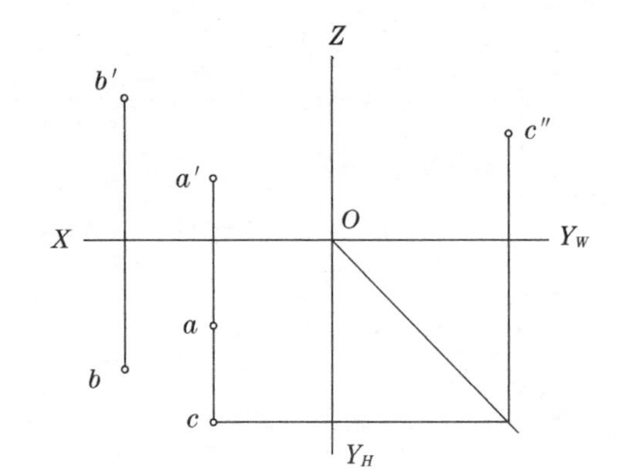

专业________ 班级________ 学号________ 姓名________ 成绩________

1－2 点的投影

(3) 已知 A、B、C、D 各点的三面投影，试判断其相对位置并填空：A 在 B 的(　　　　　　)；A 在 D 的(　　　　　　)；A 在 C 的(　　　　　　)；B 在 C 的(　　　　　　　　)。

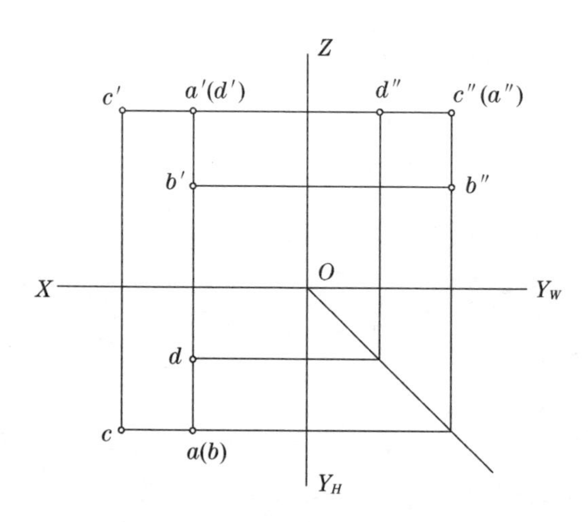

(4) 已知 B 点的三面投影，并知 A 点在 B 点之前、下、左各 10 mm，求作 A 点的三面投影。

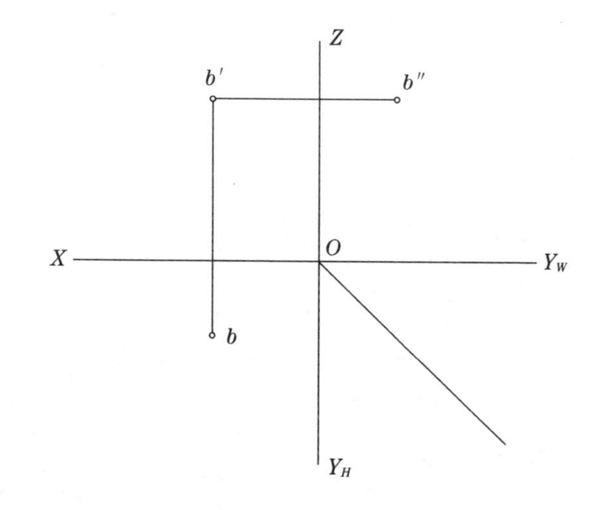

专业________ 班级________ 学号________ 姓名________ 成绩________

1－3 直线的投影

(1) 判断下列各直线对投影面的相对位置，画出第三面投影并填写名称。

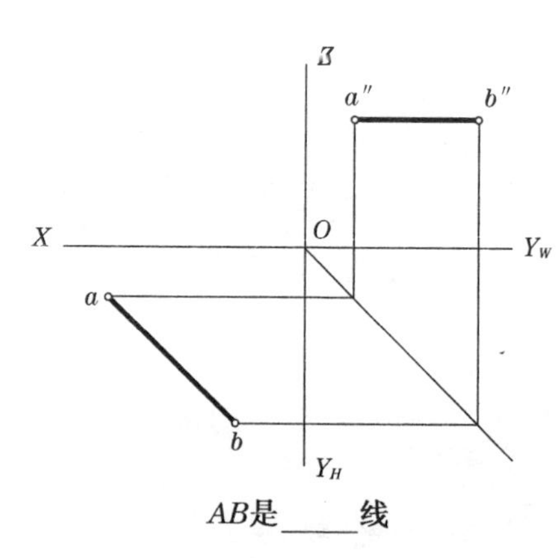

AB是____线

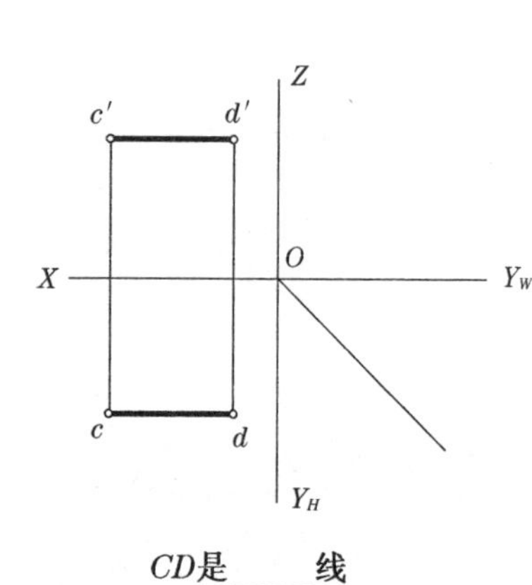

CD是____线

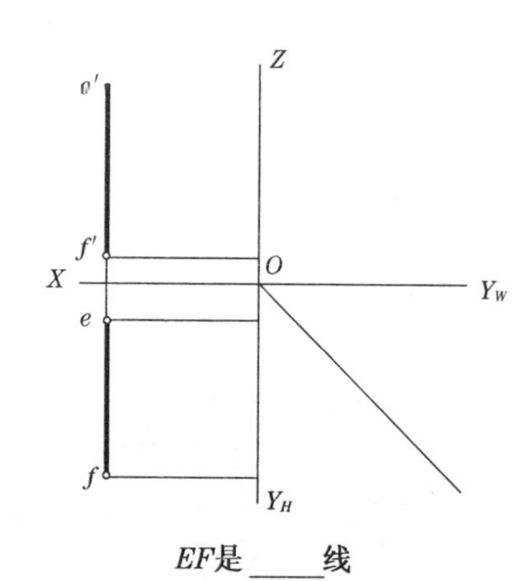

EF是____线

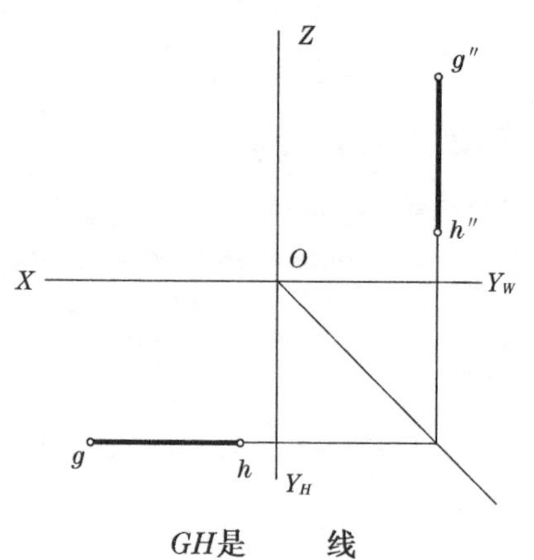

GH是____线

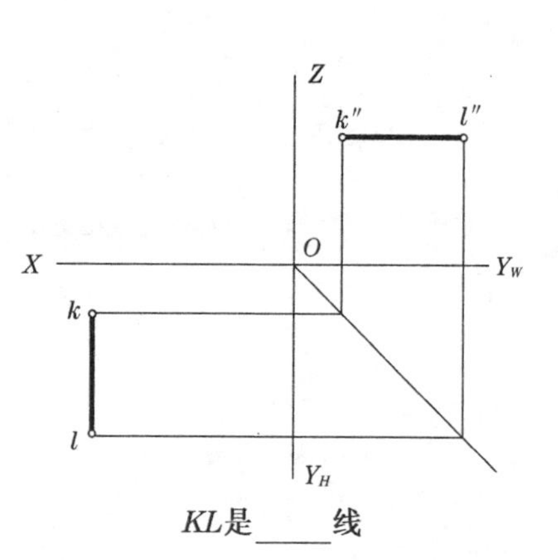

KL是____线

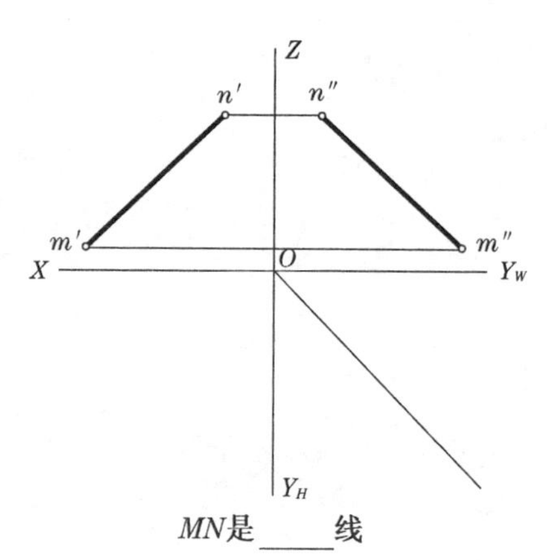

MN是____线

专业________　　班级________　　学号________　　姓名________　　成绩________

1－3　直线的投影

(2) 判断下列各直线对投影面的相对位置,填写名称。

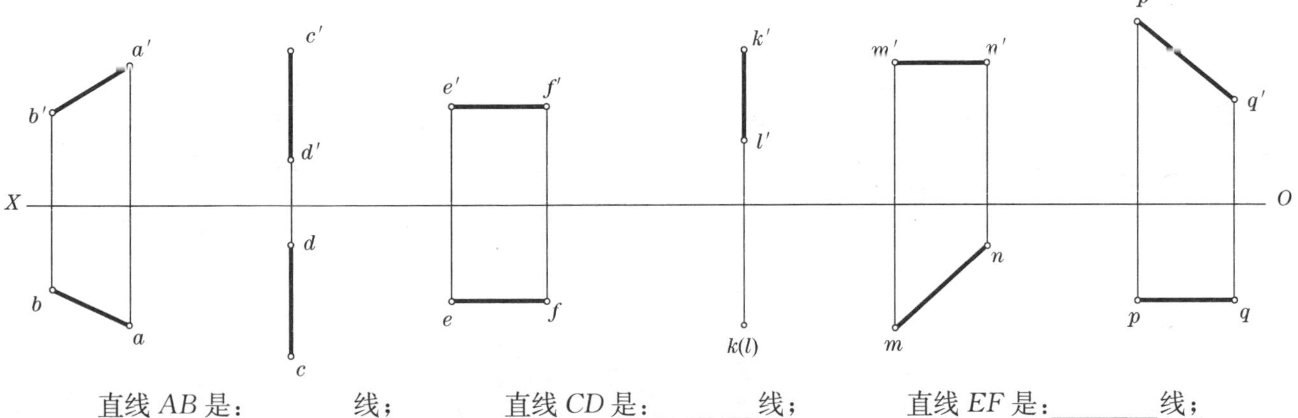

直线 *AB* 是:________线;　　直线 *CD* 是:________线;　　直线 *EF* 是:________线;

直线 *KL* 是:________线;　　直线 *MN* 是:________线;　　直线 *PQ* 是:________线;

(3) 对照以下图形,请填写有关直线的名称,判断相应两直线相对位置。

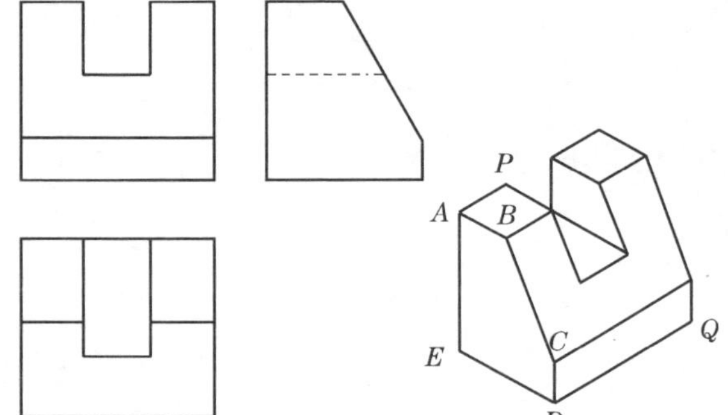

直线 *AB* 是________线;直线 *BC* 是________线;

直线 *CD* 是________线;直线 *ED* 是________线;

直线 *AE* 是________线;直线 *DQ* 是________线;

直线 *AB* 与 *CD* 是:__________;(相交、交叉、平行)

直线 *AE* 与 *CD* 是:__________;(相交、交叉、平行)

直线 *BC* 与 *DQ* 是:__________;(相交、交叉、平行)

专业________ 班级________ 学号________ 姓名________ 成绩________

1-3 直线的投影

(4) 判断两直线 AB、CD 的相对位置(平行、相交、交叉)。

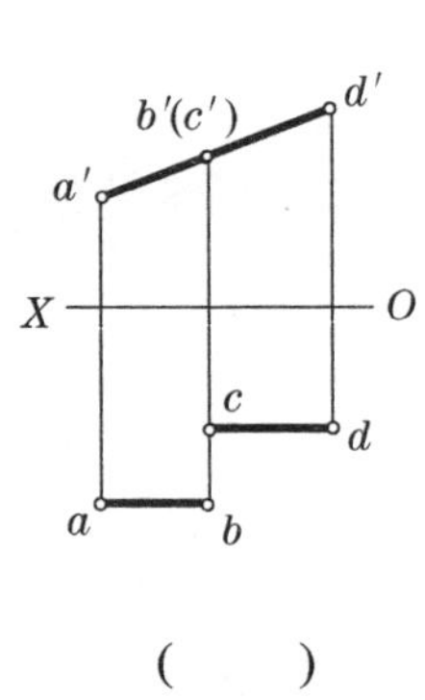

(　　)

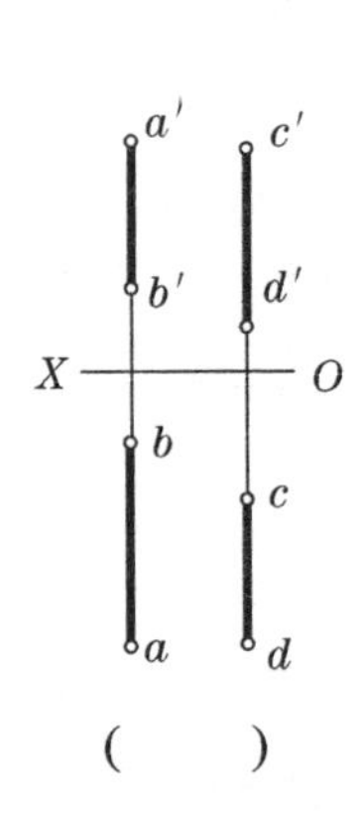

(　　)

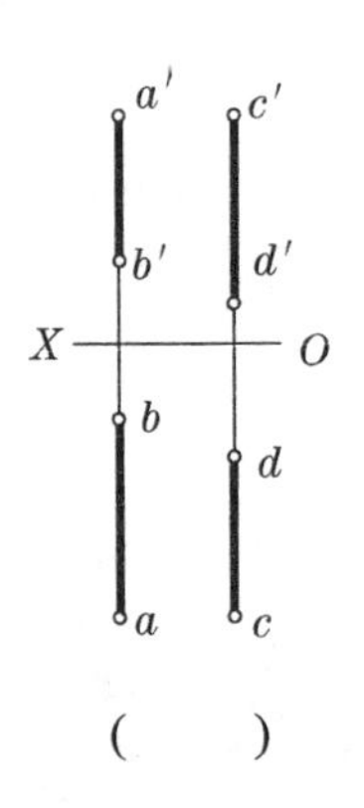

(　　)

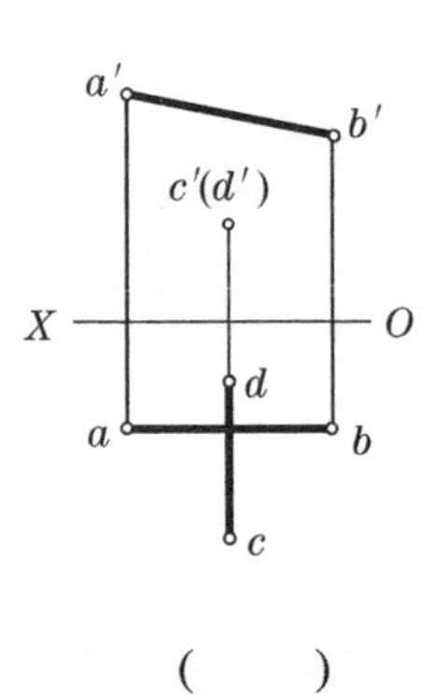

(　　)

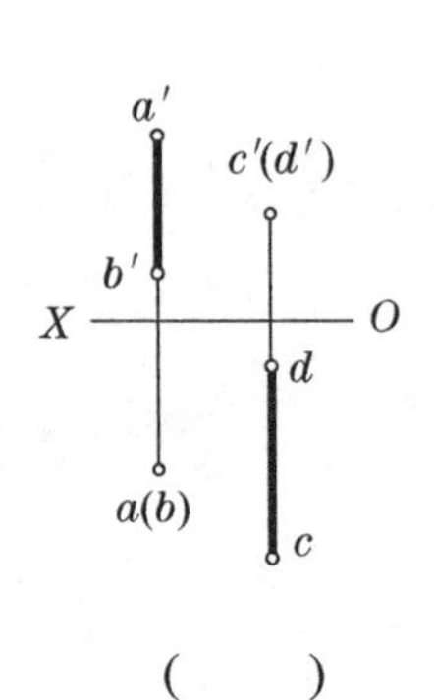

(　　)

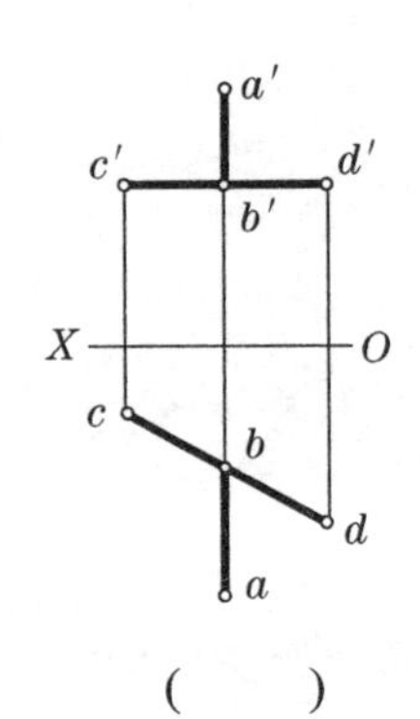

(　　)

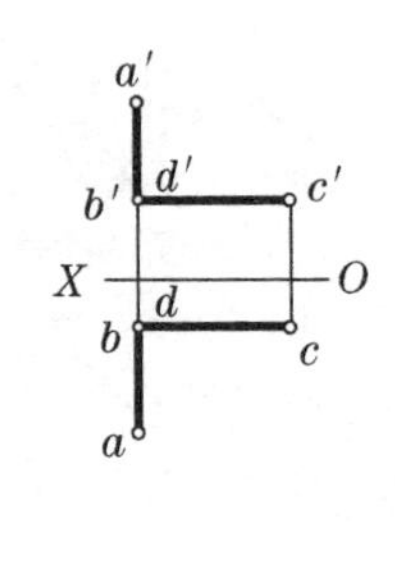

(　　)

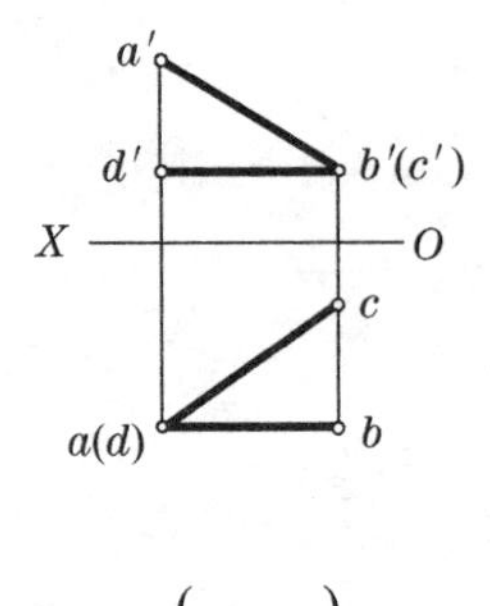

(　　)

专业________ 班级________ 学号________ 姓名________ 成绩________

1－4 平面的投影

(1) 根据如下形体，请在表格中填写各个表面与投影面的相对位置名称。

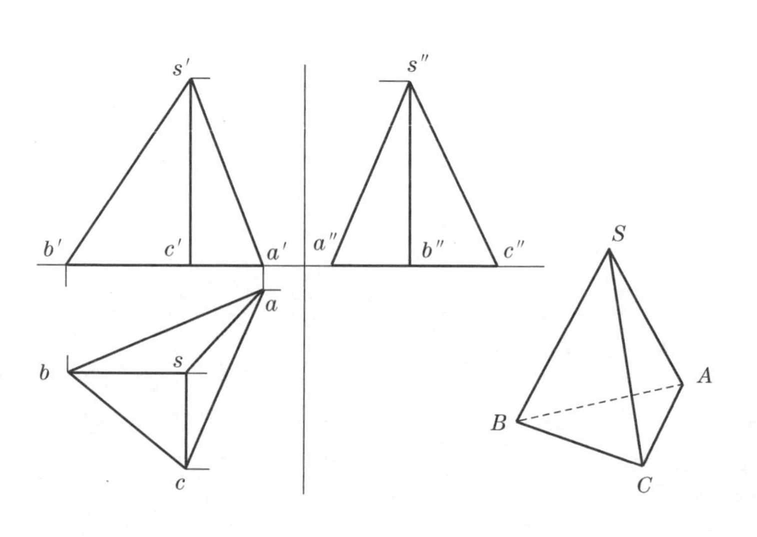

平面	SAB	SBC	SAC	ABC
名称				

(2) 求作下面形体的 W 面投影，请在表中填写 6 个表面与投影面的相对位置名称。

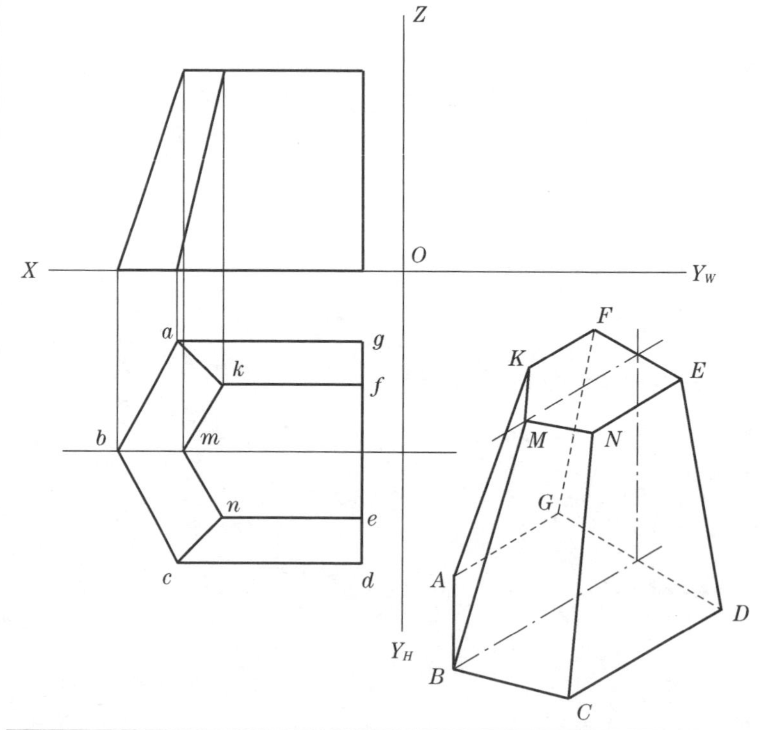

平面	AGFK	ABCDG	DEFG	CDEN	BCNM	ABMK
名称						

专业________ 班级________ 学号________ 姓名________ 成绩________

1－4 平面的投影

(3) 如下图所示为侧垂面，求作该平面的 H 面投影。

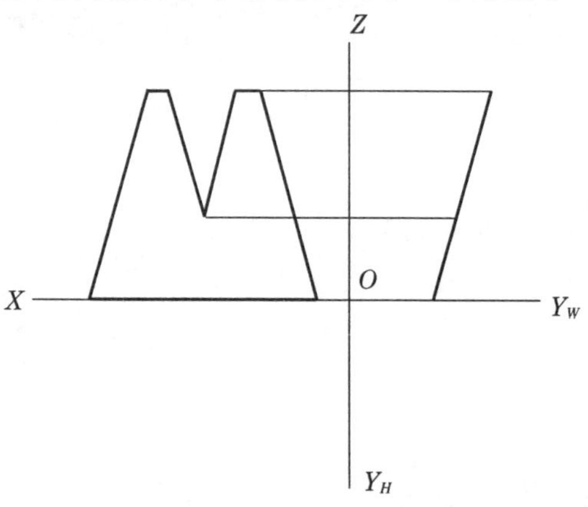

(4) 已知平面 ABC 上的直线 MN，求它的另一面投影。

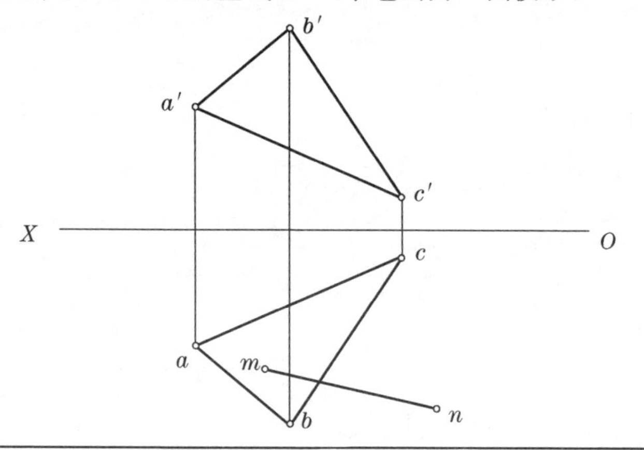

(5) 判断直线 DE 是否在平面 ABC 内。

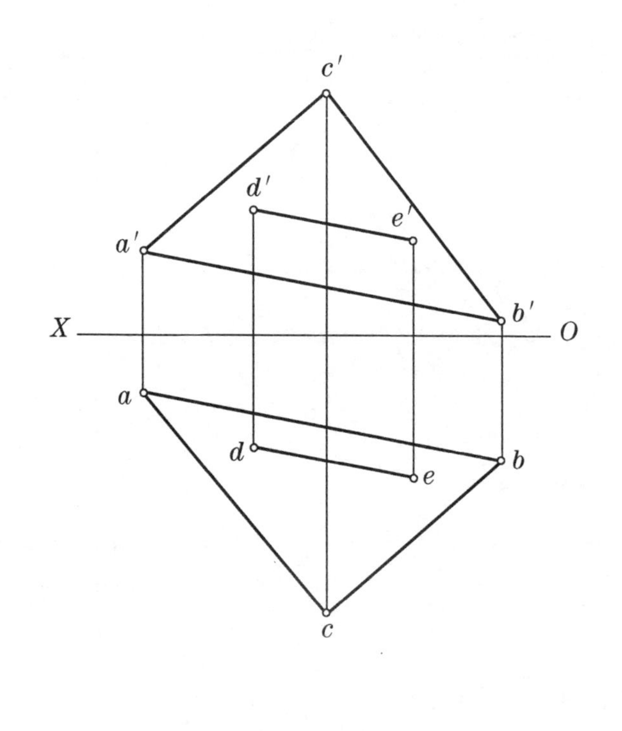

专业________ 班级________ 学号________ 姓名________ 成绩________

1-4 平面的投影

(6) 补全五边形的两面投影。

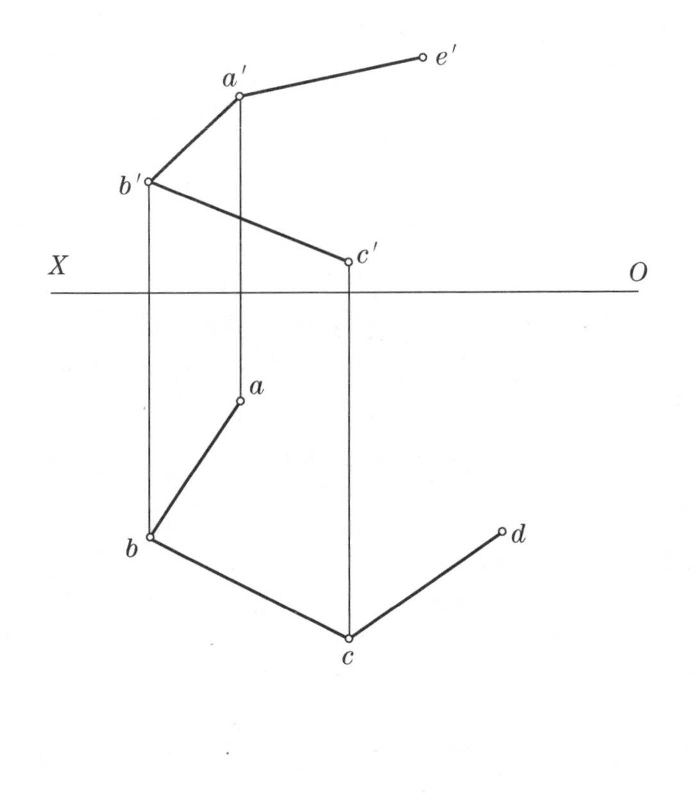

(7) 已知四边形 $ABCD$ 的 AD 边平行于 V 面，BC 边平行于 H 面，完成该四边形的 V 面投影。

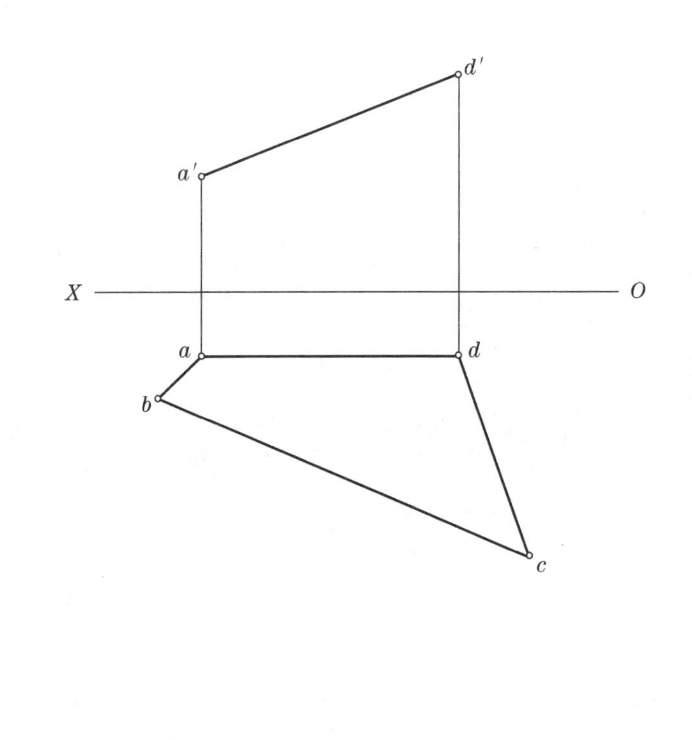

专业________ 班级________ 学号________ 姓名________ 成绩________

第二章 《基本几何体的投影》练习题

2－1 棱柱体与棱锥体的投影

(1) 完成六棱柱的第三面投影。

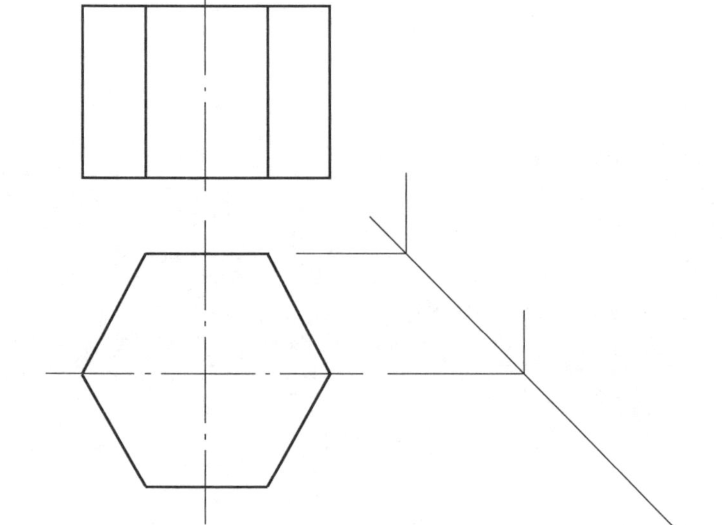

(2) 完成四棱锥的第三面投影。

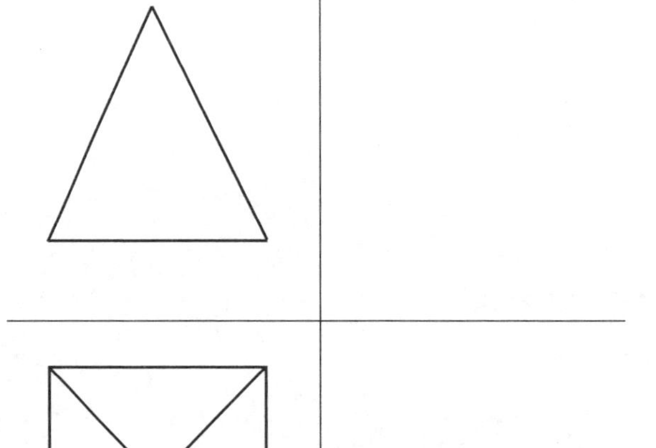

专业________ 班级________ 学号________ 姓名________ 成绩________

2－1 棱柱体与棱锥体的投影

(3) 完成三棱锥的第三面投影。

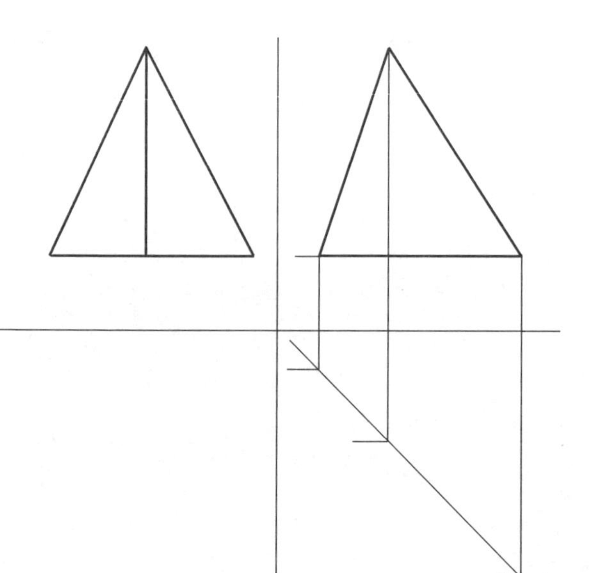

(4) 完成四棱台的第三面投影。

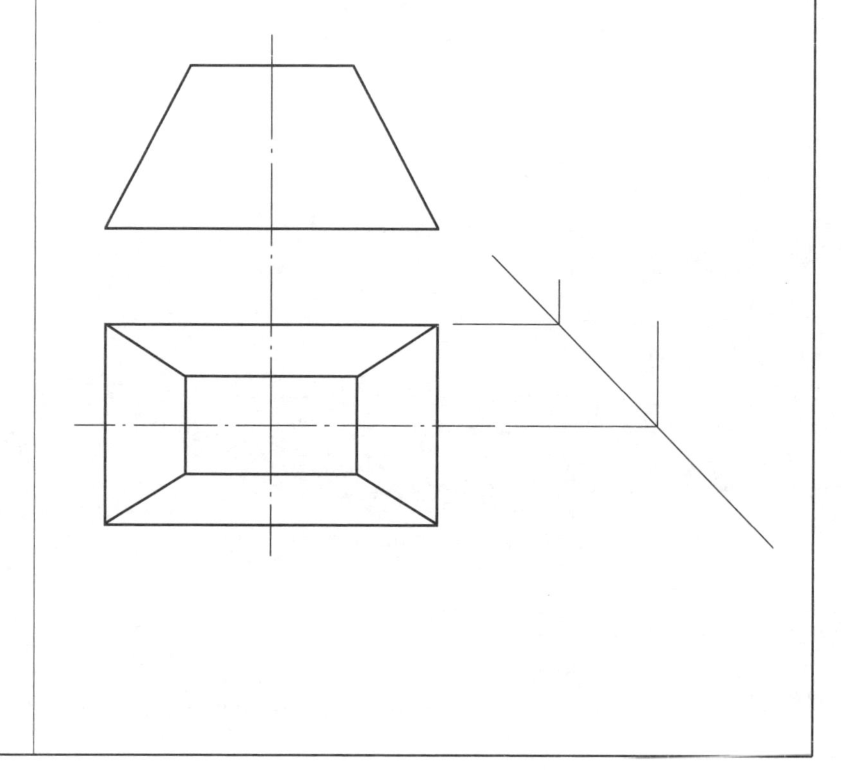

专业________ 班级________ 学号________ 姓名________ 成绩________

2－2 棱柱和棱锥面上点和直线的投影

(1) 求五棱柱表面上点 A、B、C 的其余两面投影。

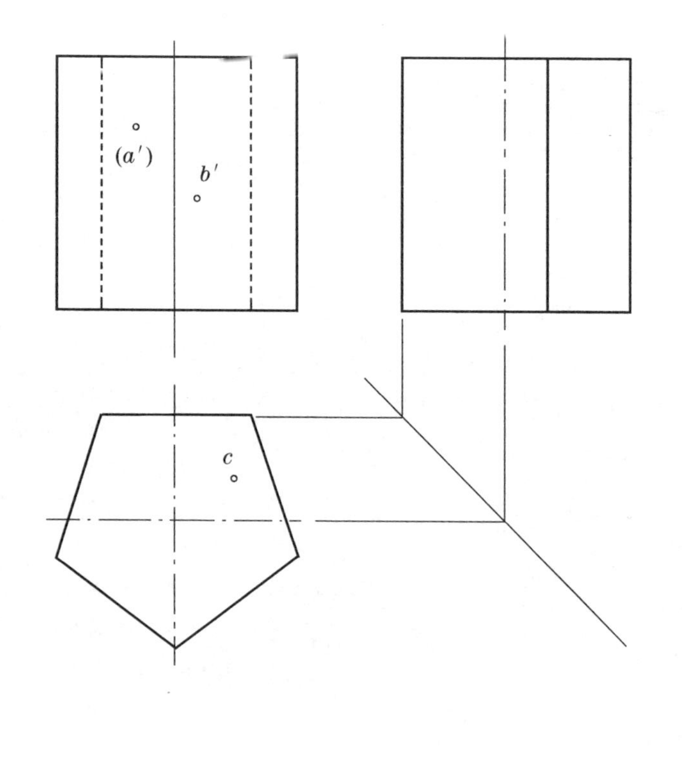

(2) 求三棱锥表面上点 A、B、C 的其余两面投影。

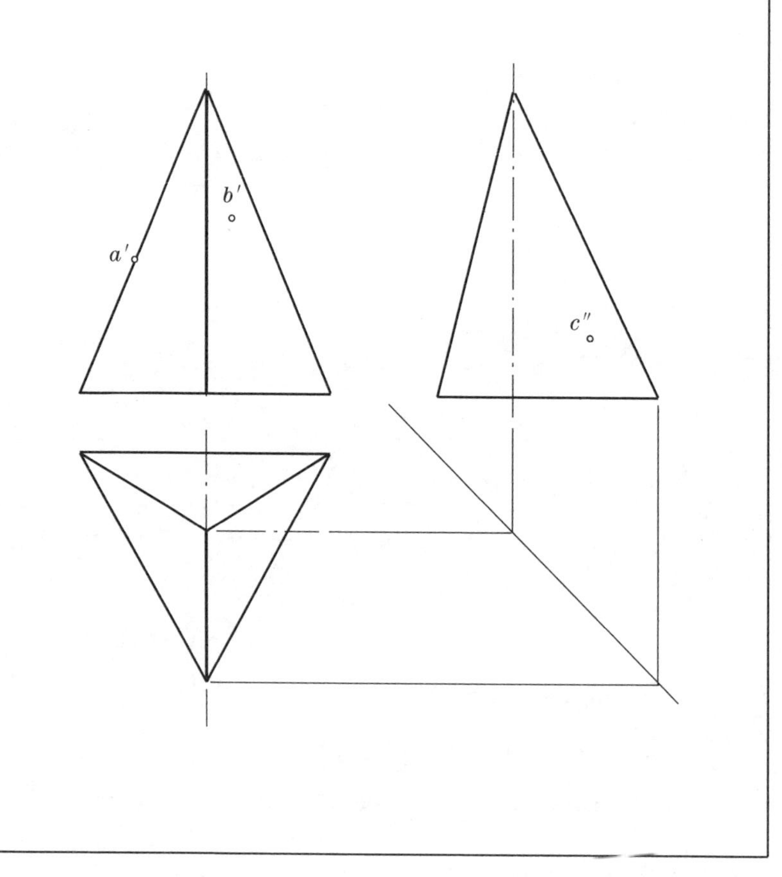

专业________ 班级________ 学号________ 姓名________ 成绩________

2－2 棱柱和棱锥面上点和直线的投影

(3) 完成四棱柱的第三面投影，并求出其表面上的点和直线的其余投影。

a' d' c' b'

(4) 完成三棱锥的第三面投影，并求出其表面上的点和直线的其余投影。

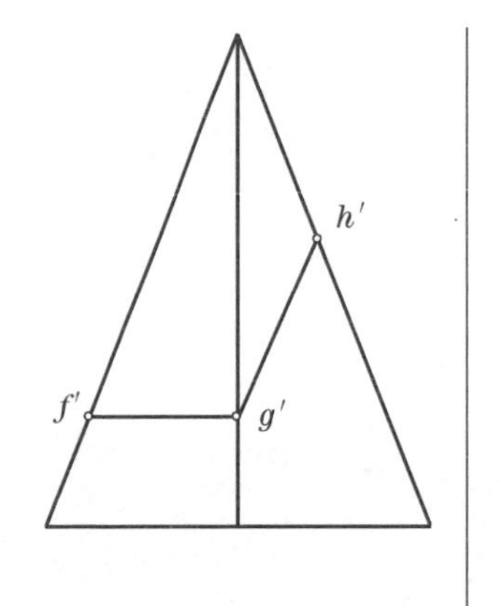

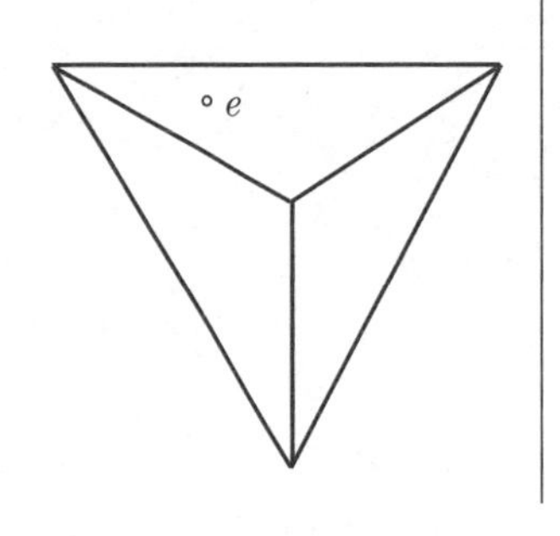

专业________ 班级________ 学号________ 姓名________ 成绩________

2－3 平面立体的切口投影

(1) 完成三棱柱的切口投影。

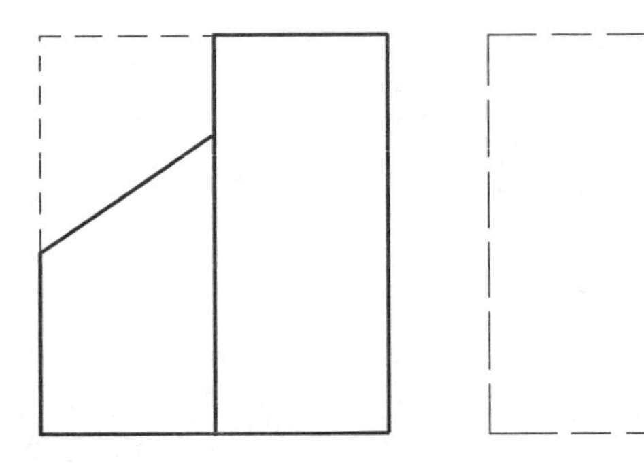

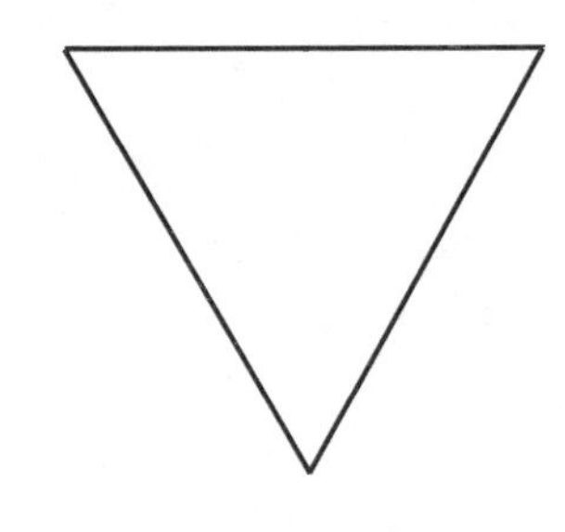

(2) 完成五棱柱的切口投影。

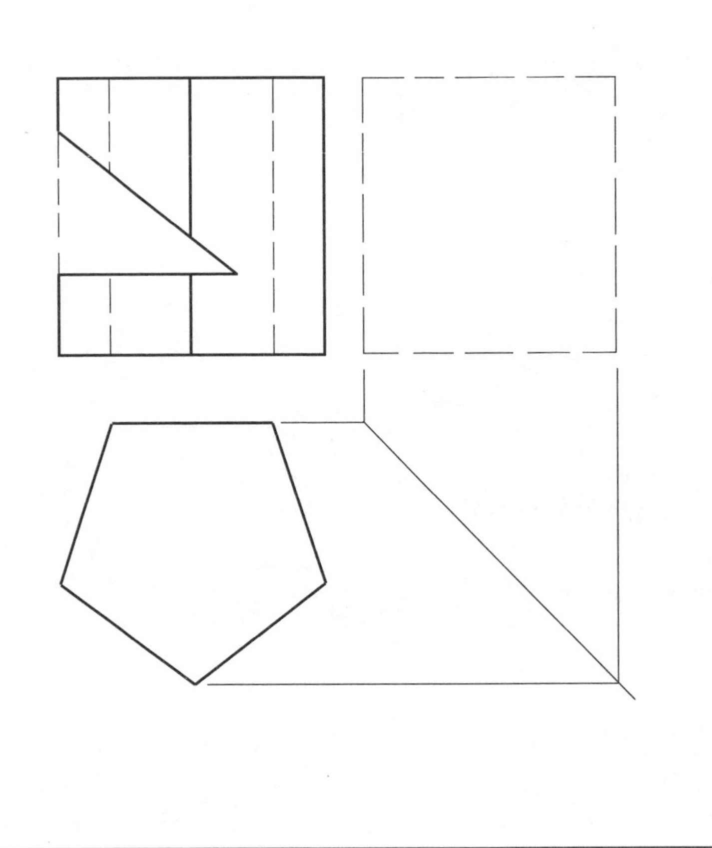

专业________ 班级________ 学号________ 姓名________ 成绩________

2－3 平面立体的切口投影

(3) 完成三棱锥的切口投影。

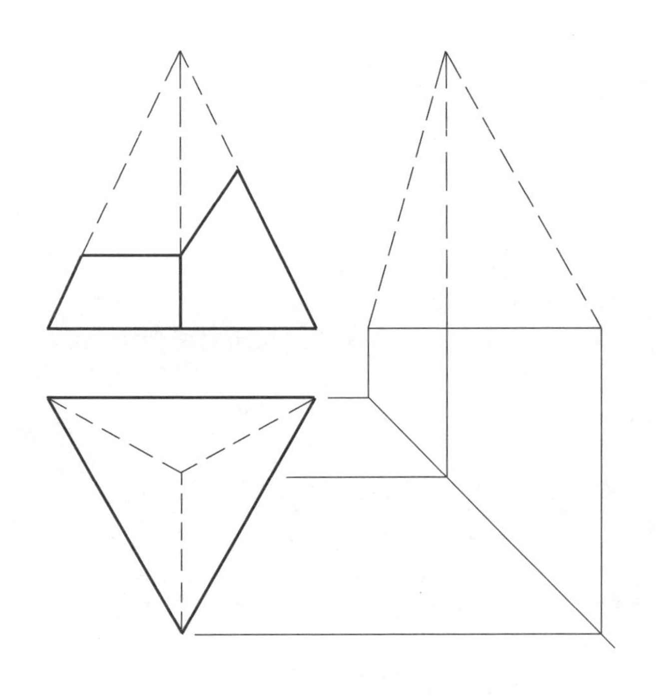

(4) 完成四棱锥的切口投影。

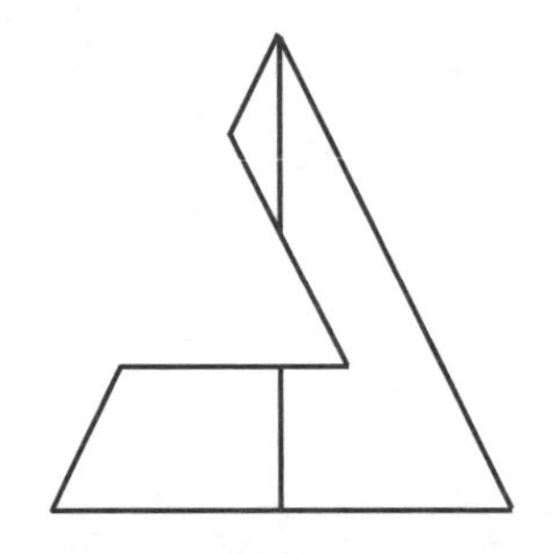

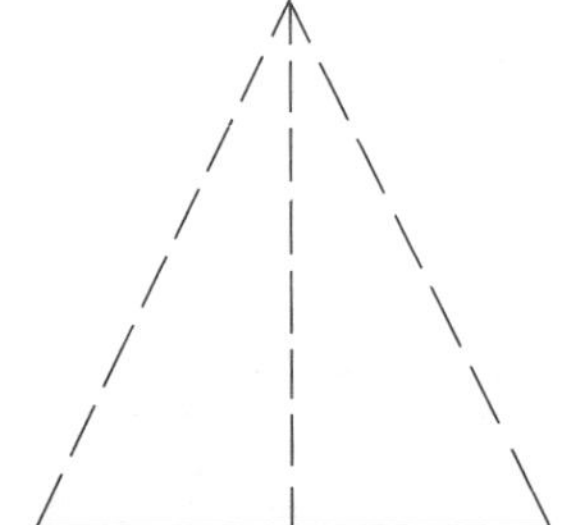

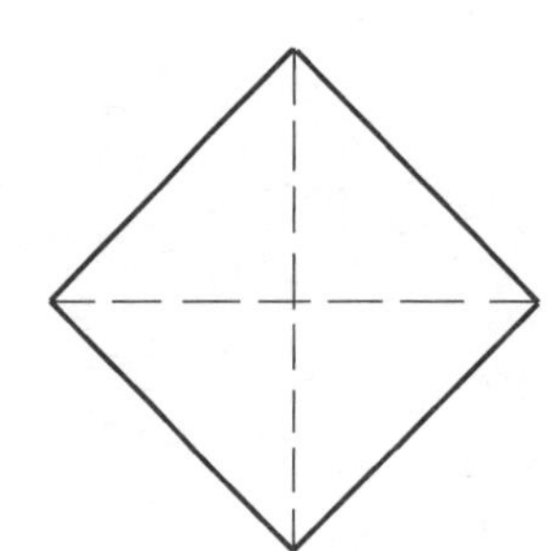

专业________ 班级________ 学号________ 姓名________ 成绩________

2－4 曲面立体的投影

(1) 完成圆柱面上的点和直线的其余投影。

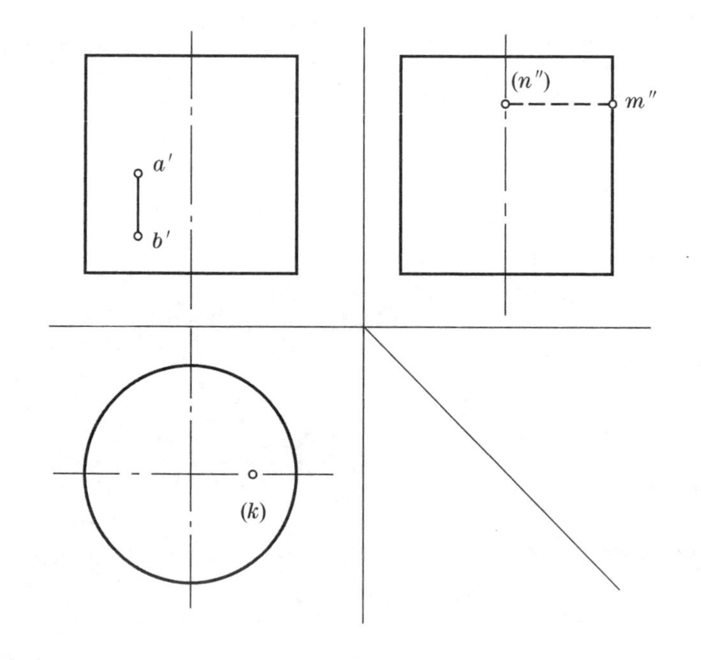

(2)完成圆锥面上的点和直线的其余投影。

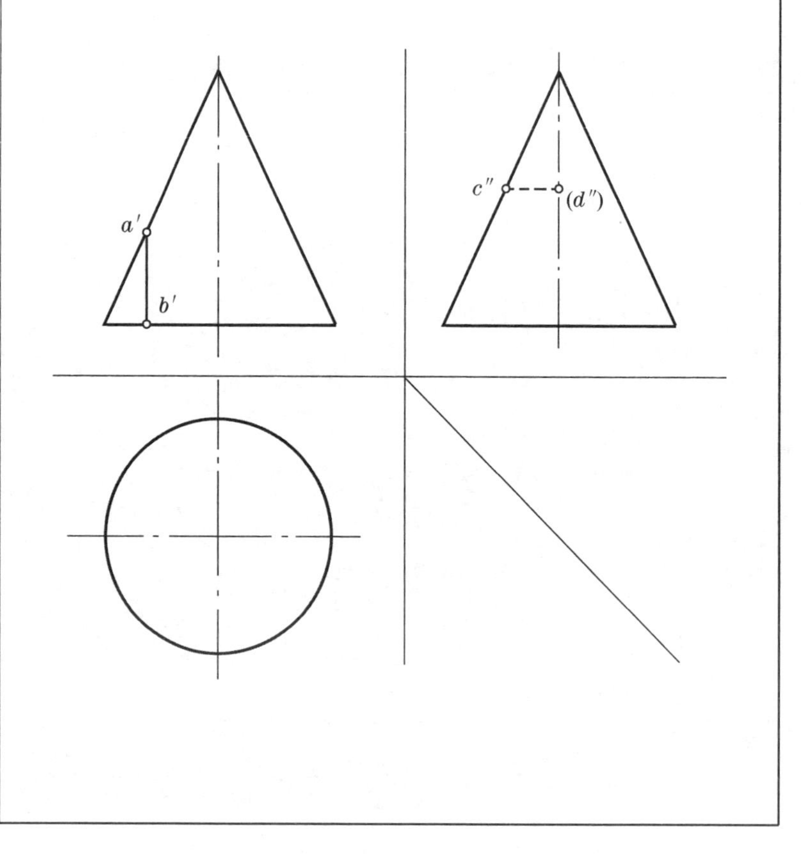

专业________ 班级________ 学号________ 姓名________ 成绩________

2－5 曲面立体的切口投影

(1) 完成圆柱的切口投影。

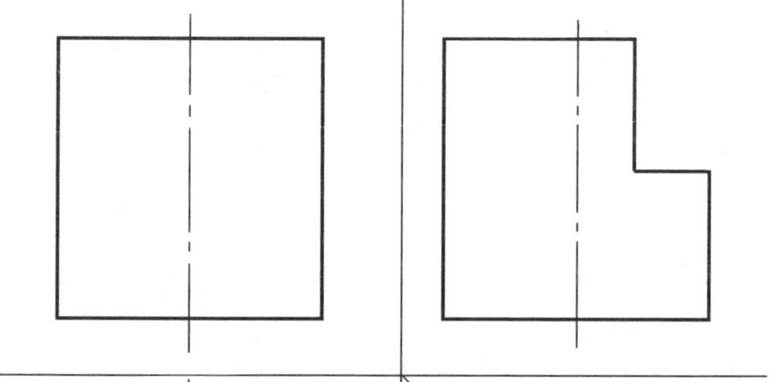

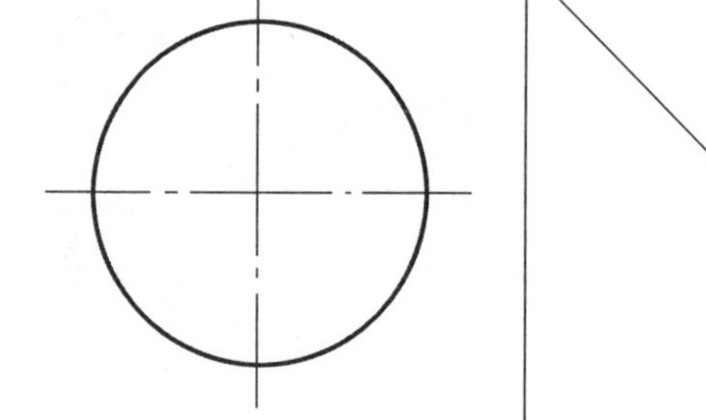

(2) 完成圆柱的切口投影。

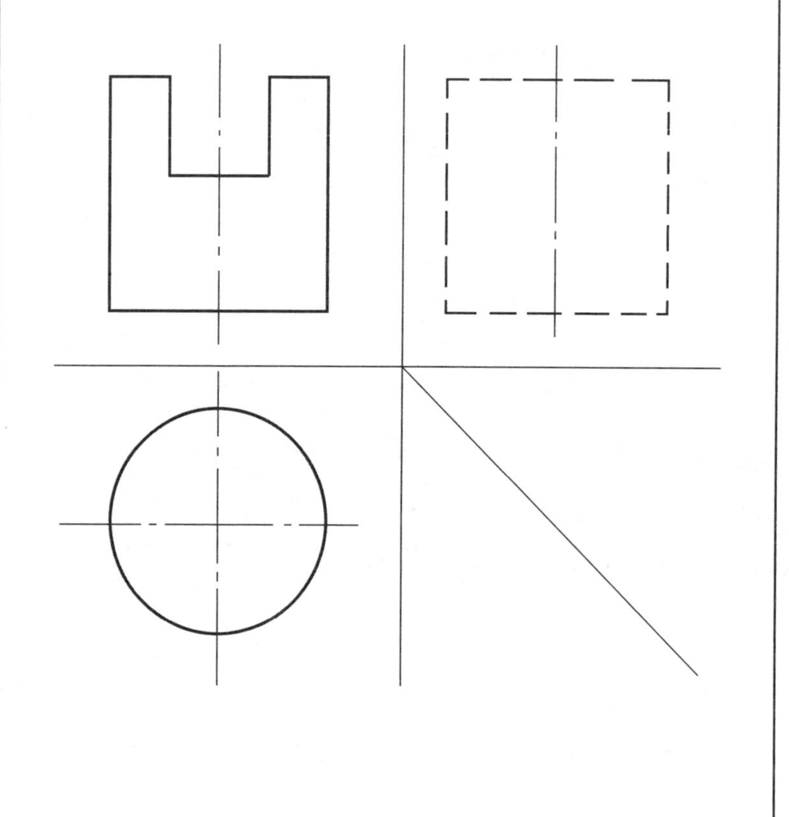

专业________ 班级________ 学号________ 姓名________ 成绩________

2－5 曲面立体的切口投影

(3) 完成圆锥的切口投影。

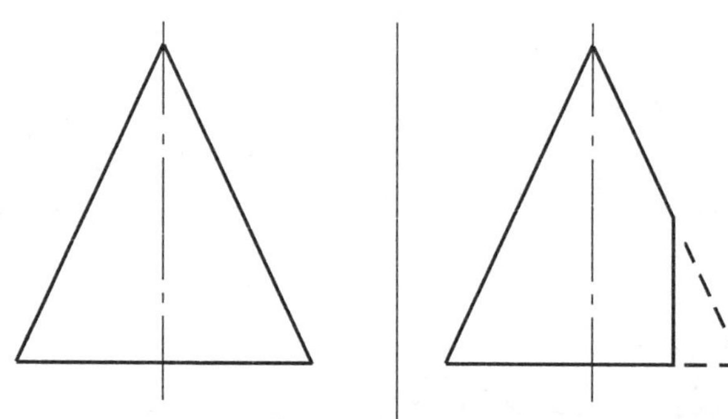
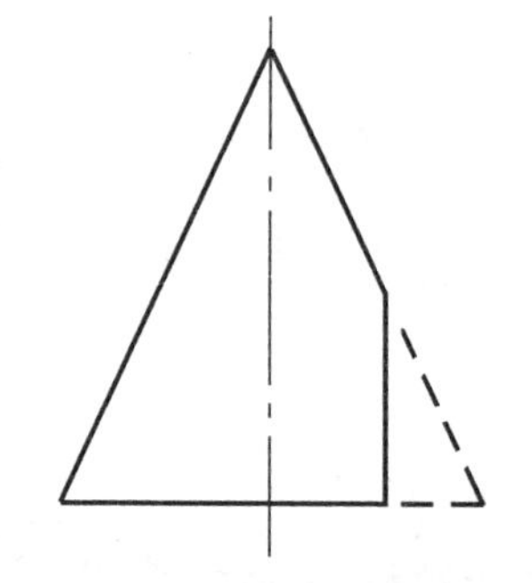
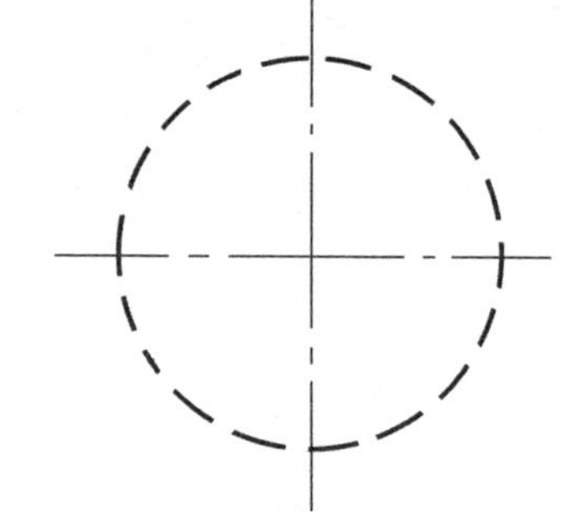
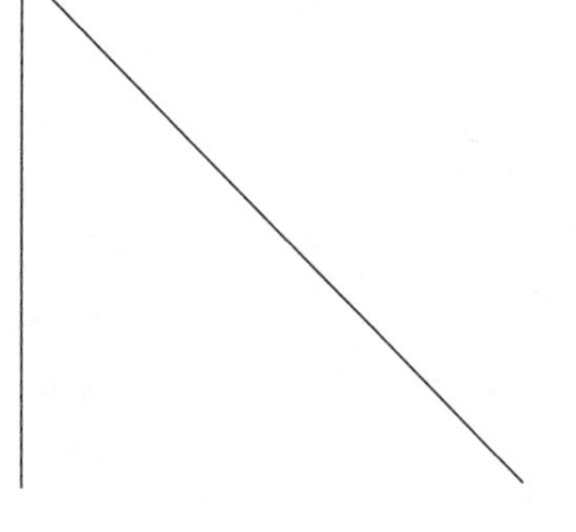

(4) 完成圆锥的切口投影。

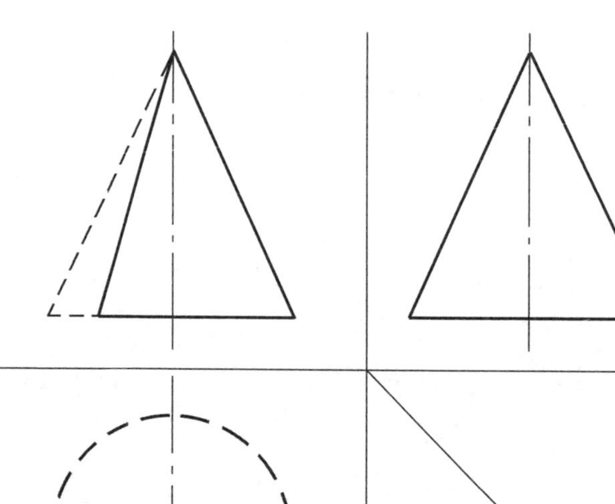
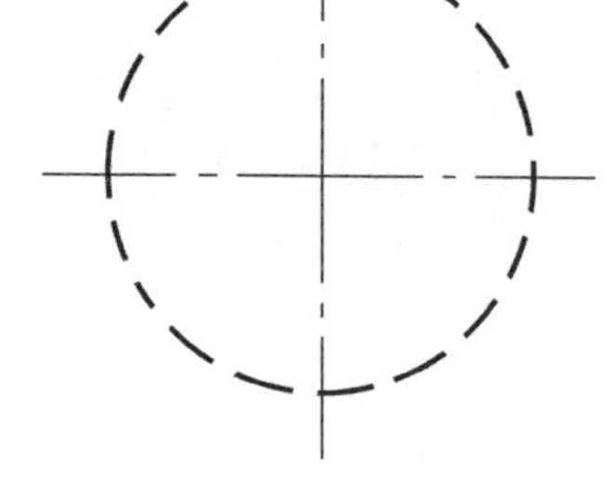

专业________ 班级________ 学号________ 姓名________ 成绩________

2－5 曲面立体的切口投影

(5) 完成圆锥的切口投影。

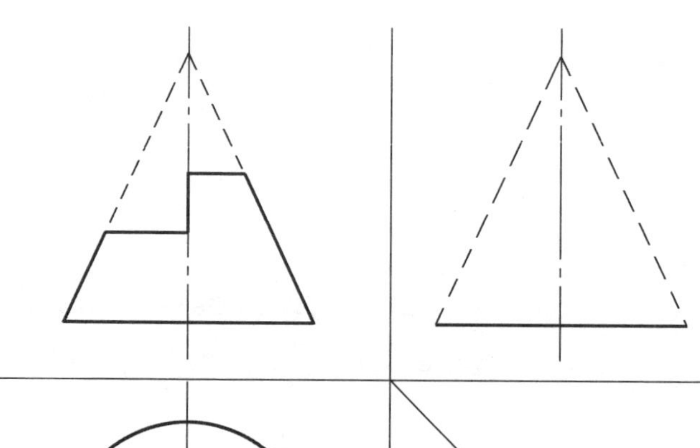

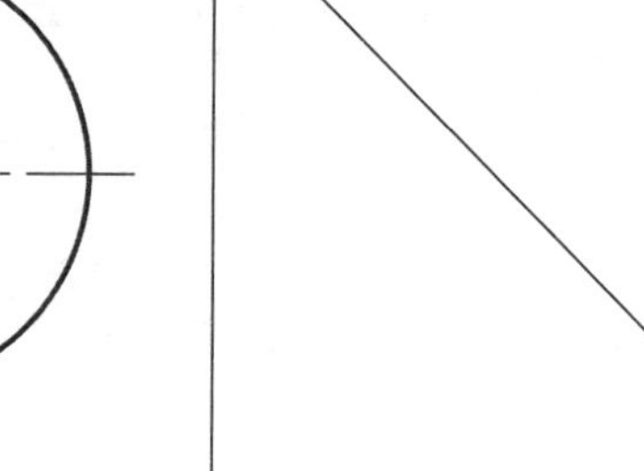

(6) 完成球体的切口投影。

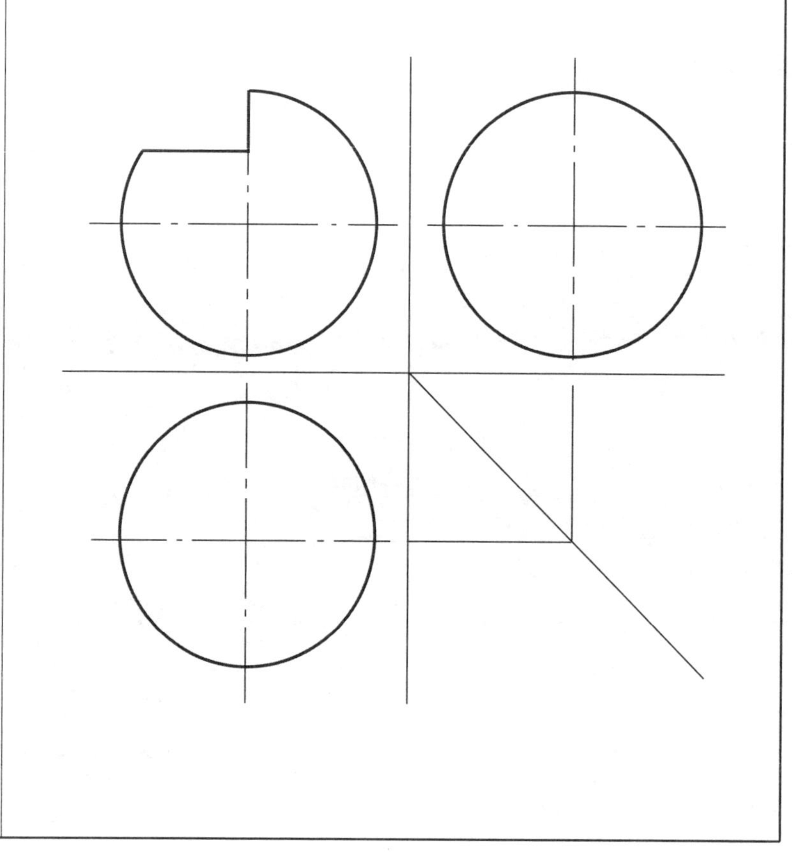

专业________ 班级________ 学号________ 姓名________ 成绩________

2－6 根据投影图找立体图(请在右边填写对应的序号)

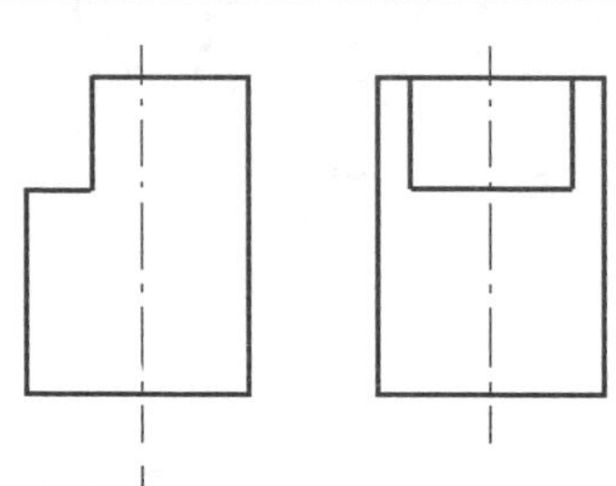

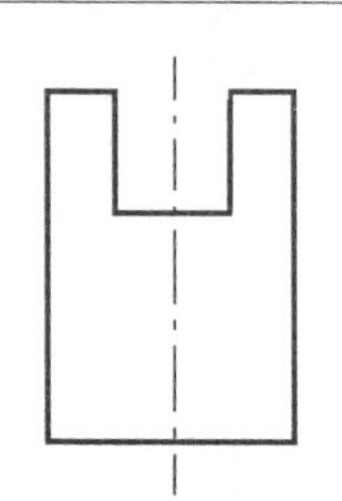

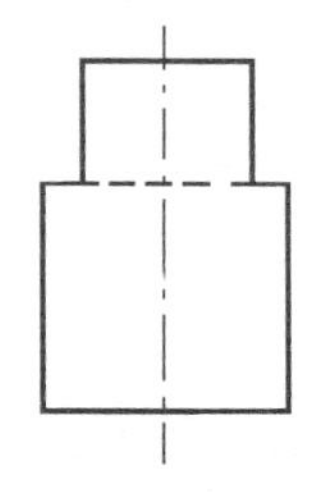

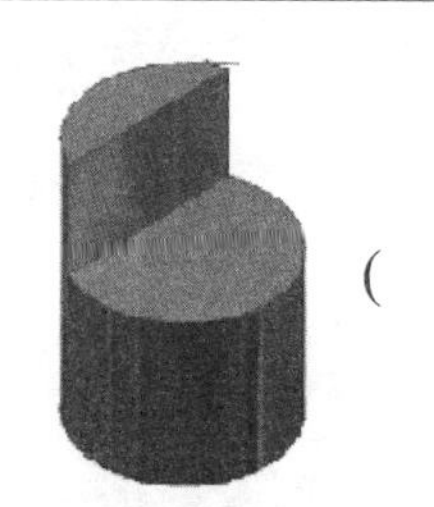

( )

(1)

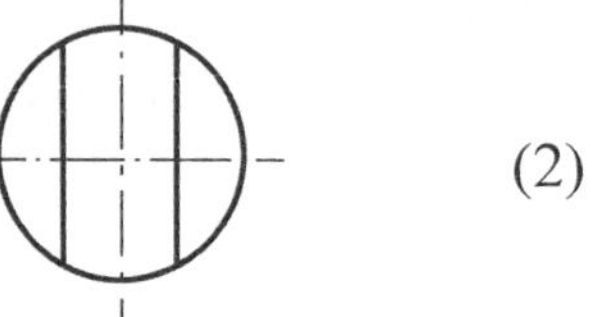

(2)

( )

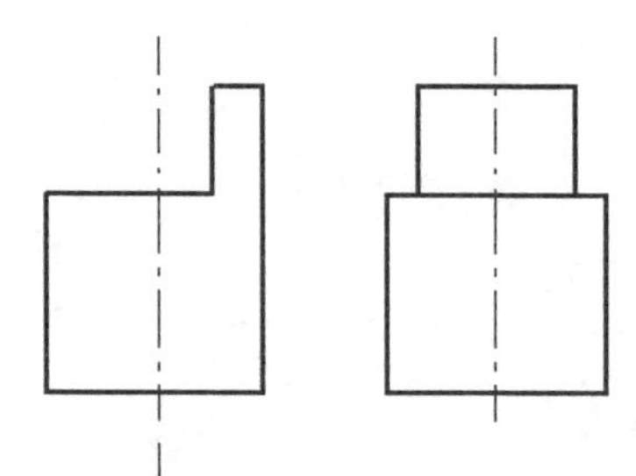

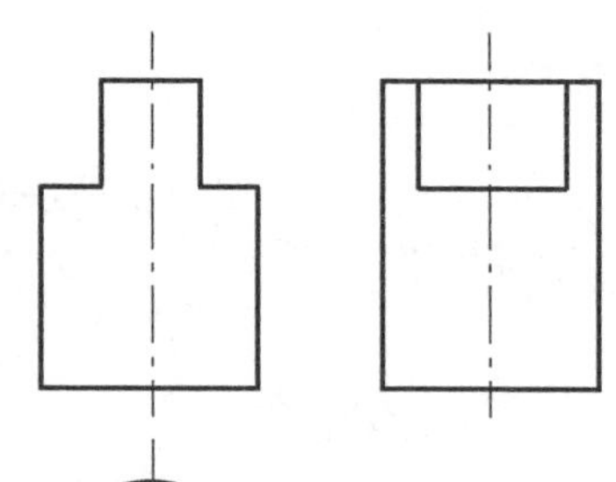

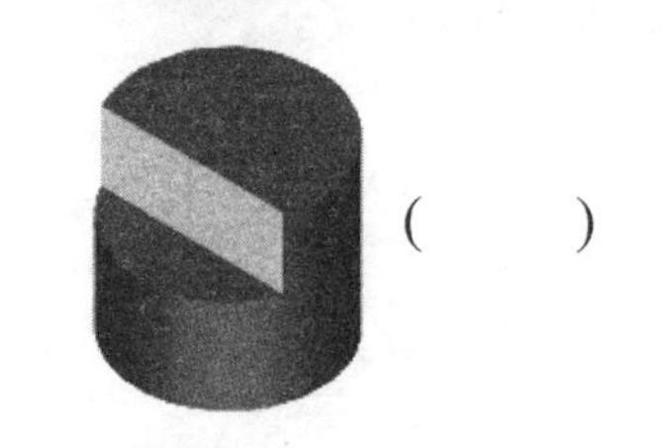

( )

(3)

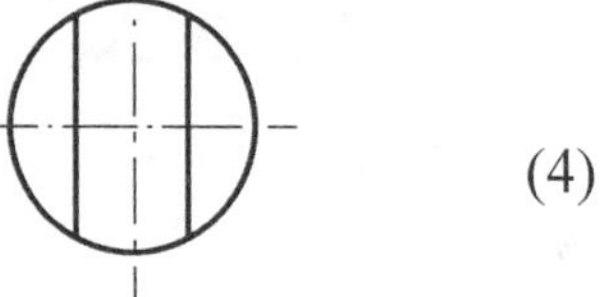

(4)

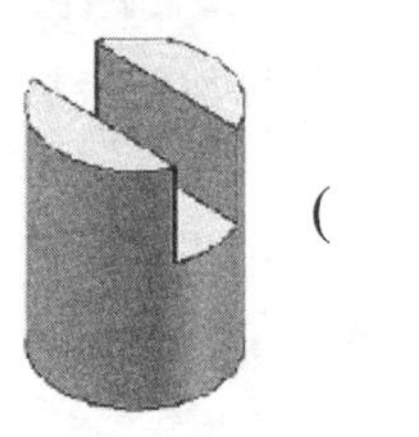

( )

专业________ 班级________ 学号________ 姓名________ 成绩________

2－7 根据投影图找立体图(请在下边填写对应的序号)

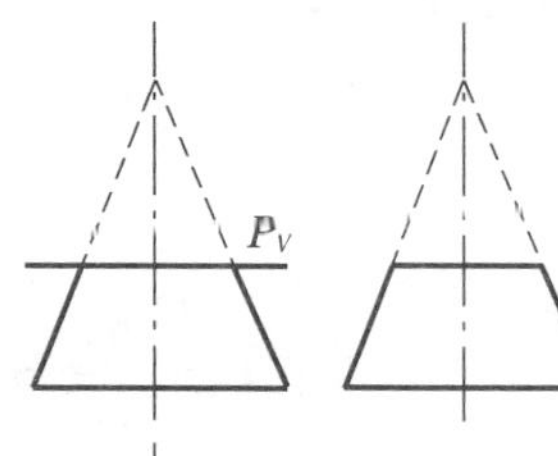
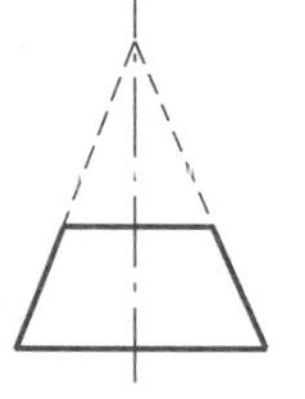
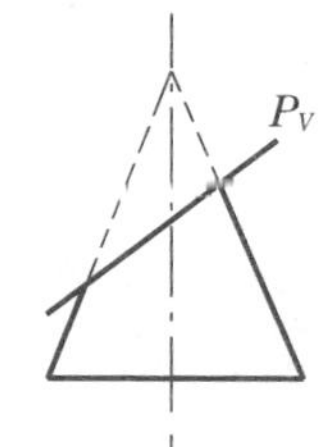
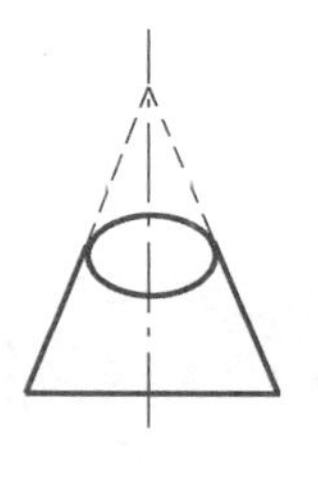
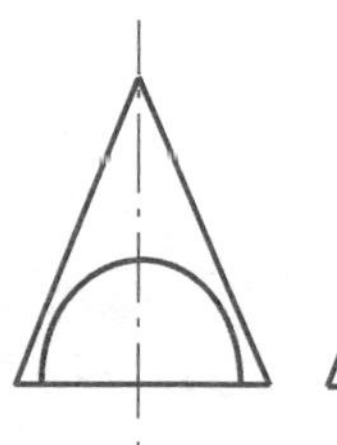
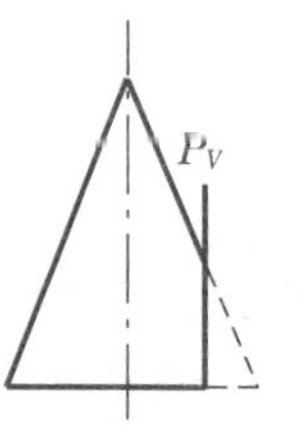
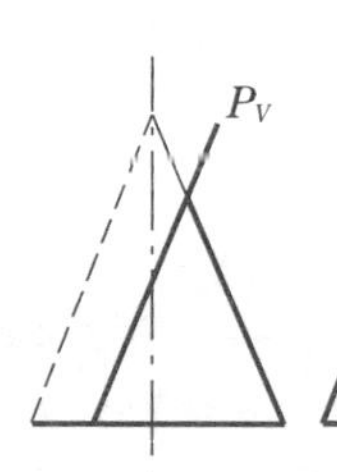
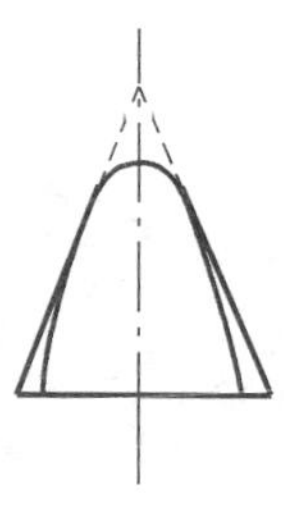
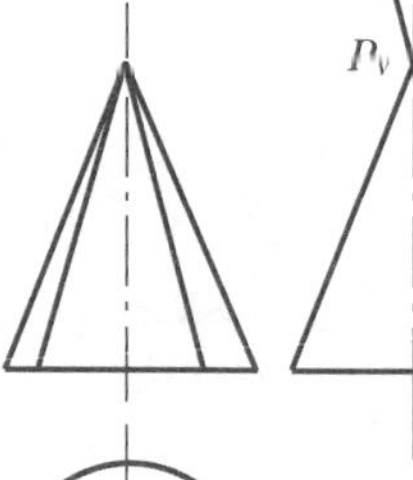

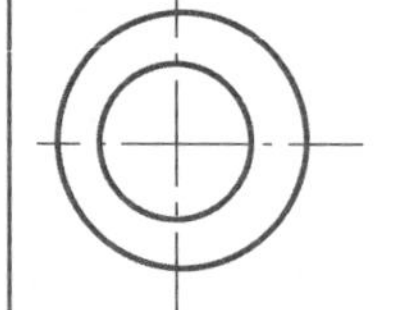

(1)

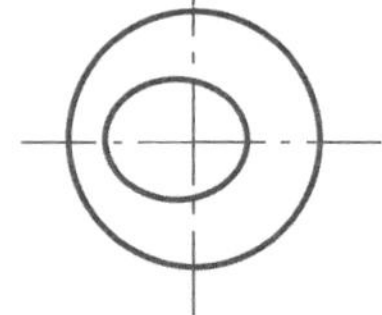

(2)

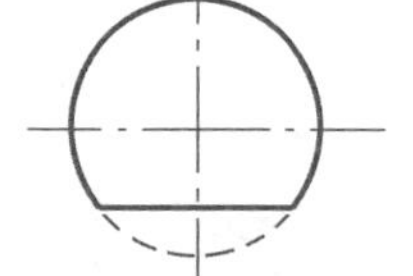

(3)

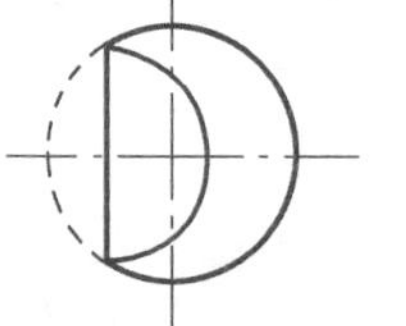

(4)

(5)

(　　)

(　　)

(　　)

(　　)

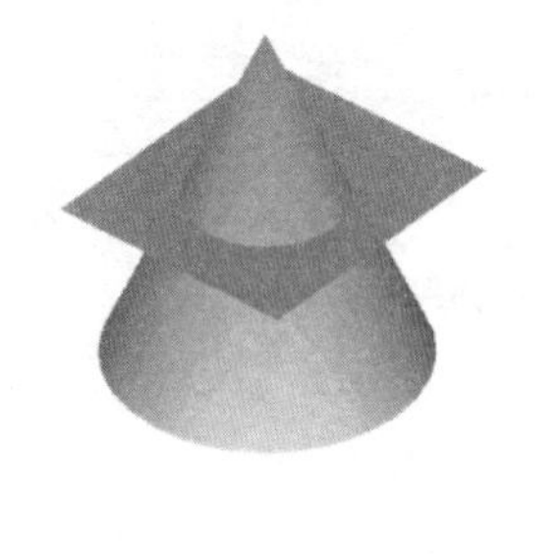

(　　)

专业________ 班级________ 学号________ 姓名________ 成绩________

2－8 已知条件如下图所示，求两个三棱柱互贯的相贯线投影	**2－9** 已知条件如下图所示，求四棱柱与圆柱的相贯线投影
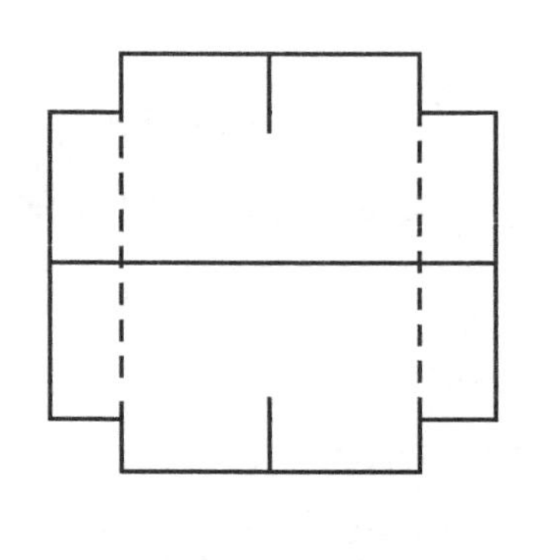 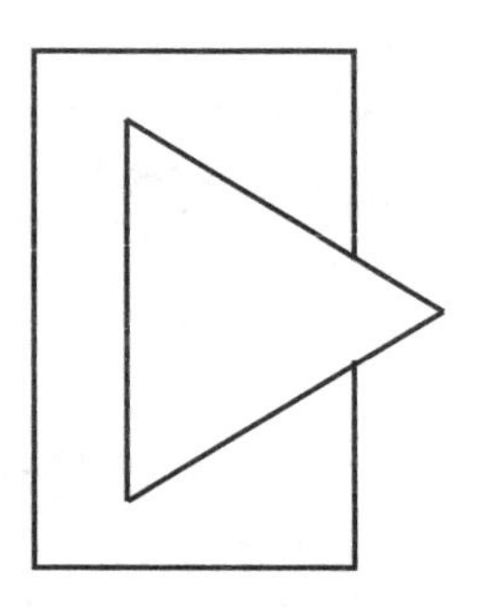 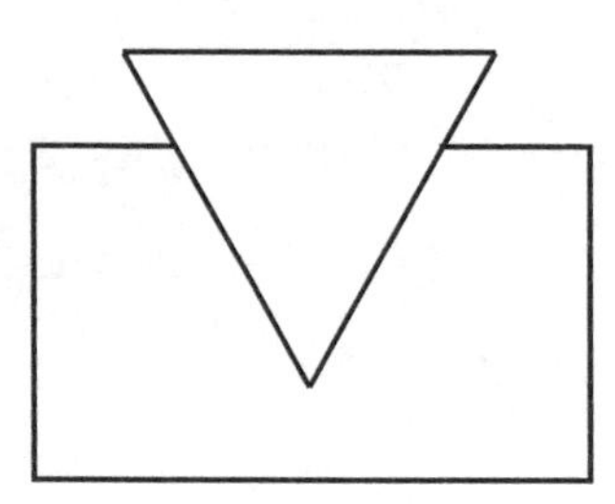	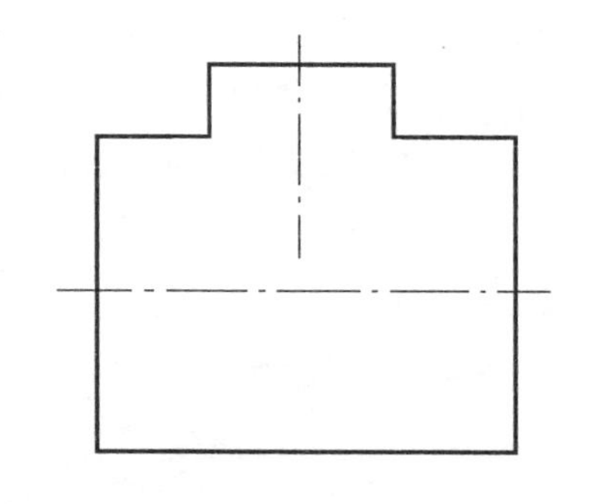 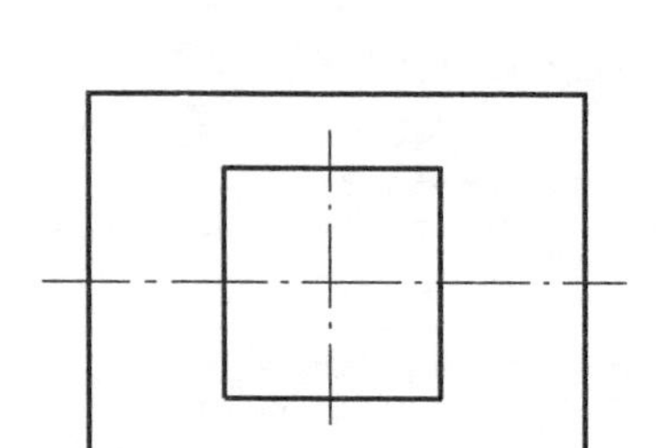

专业________ 班级________ 学号________ 姓名________ 成绩________

2-10 已知条件如下图所示,求四棱柱与圆锥的相贯线投影	**2-11** 已知条件如下图所示,求两个圆柱的相贯线投影
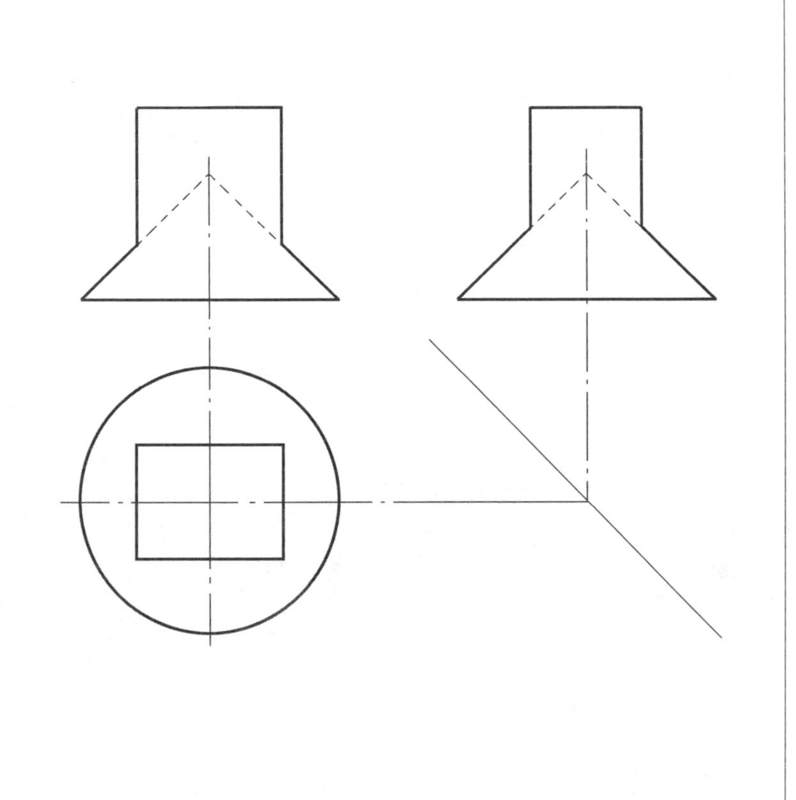	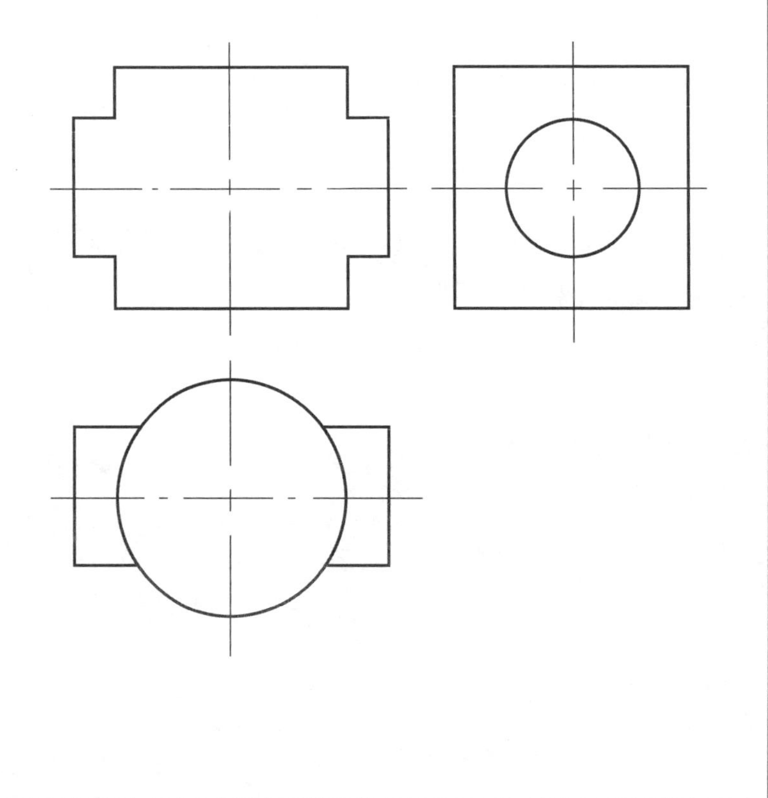

第二部分　制图基础模块

专业________ 班级________ 学号________ 姓名________ 成绩________

第三章 《制图基础知识》练习题

3－1 在右边方框内抄绘线条

专业________ 班级________ 学号________ 姓名________ 成绩________

3－2 在右边空白位置抄绘图形

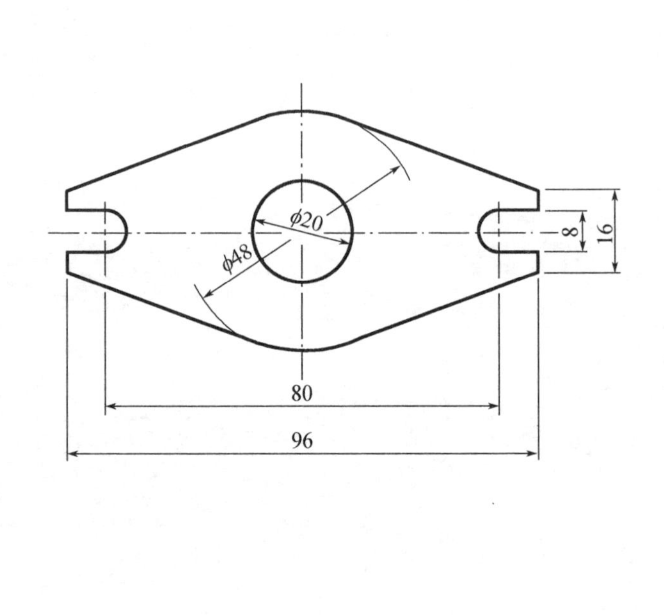

专业________　　班级________　　学号________　　姓名________　　成绩________

3－3　尺寸标注改错(直接标注在右边的图形上)

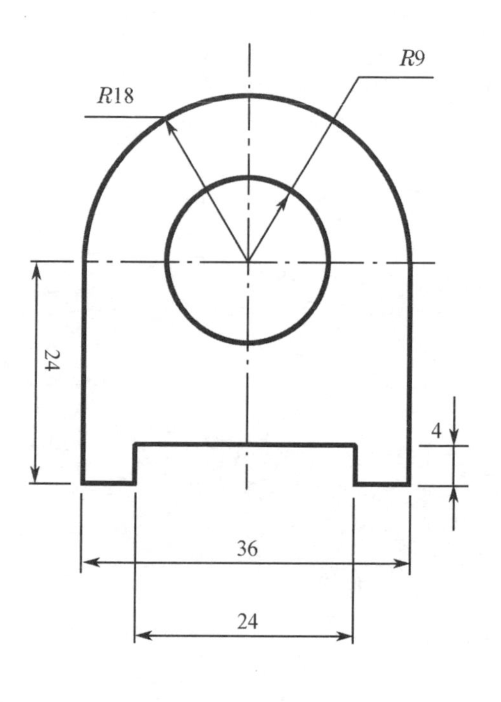

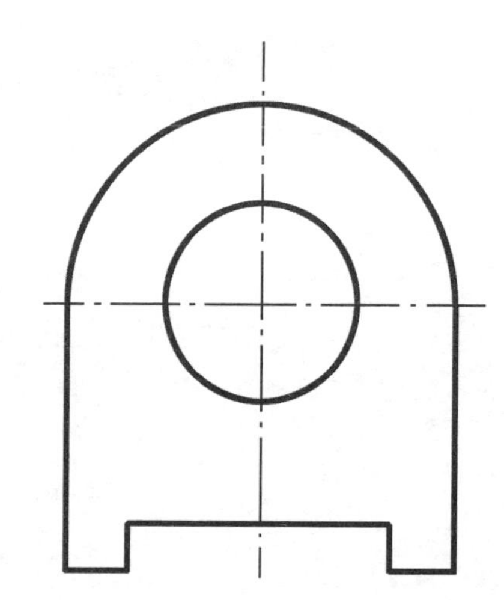

专业________ 班级________ 学号________ 姓名________ 成绩________

第四章 《组合体的投影》练习题

4－1 组合体的画法与尺寸标注

(1) 在下边空白位置完成组合体的三面投影图(比例 1：1)。

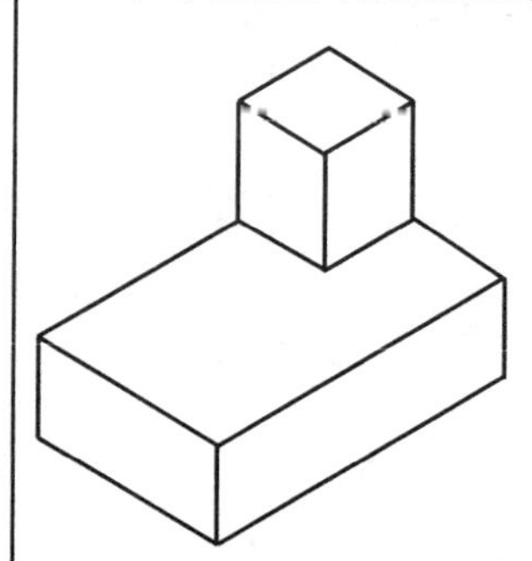

(2) 在下边空白位置完成组合体的三面投影图(比例 1：1)。

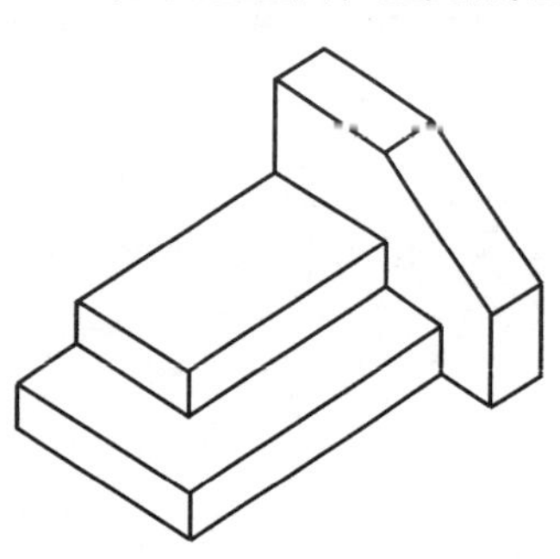

专业________ 班级________ 学号________ 姓名________ 成绩________

4-1 组合体的画法与尺寸标注

(3) 在下边空白位置完成组合体的三面投影图(比例1∶1)。

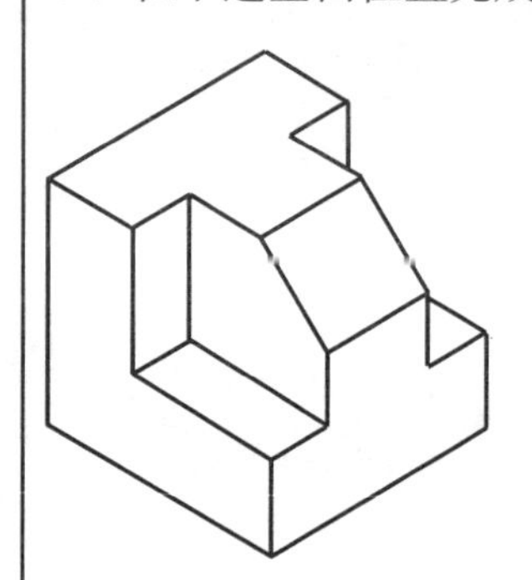

(4) 在下边空白位置完成组合体的三面投影图(比例1∶1)。

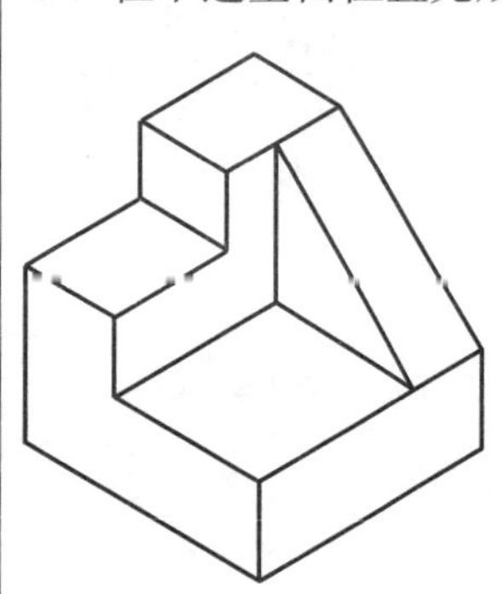

专业________ 班级________ 学号________ 姓名________ 成绩________

4－1 组合体的画法与尺寸标注

(5) 完成组合体的三面投影图，并标注尺寸（比例 1∶1，尺寸数字取整数）。

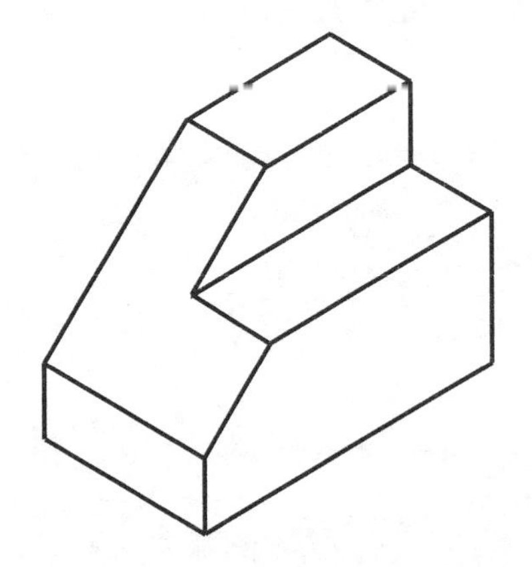

专业________ 班级________ 学号________ 姓名________ 成绩________

4－1 组合体的画法与尺寸标注

(6) 根据组合体的尺寸，按 1∶1 的比例完成其三面投影图，并标注尺寸。

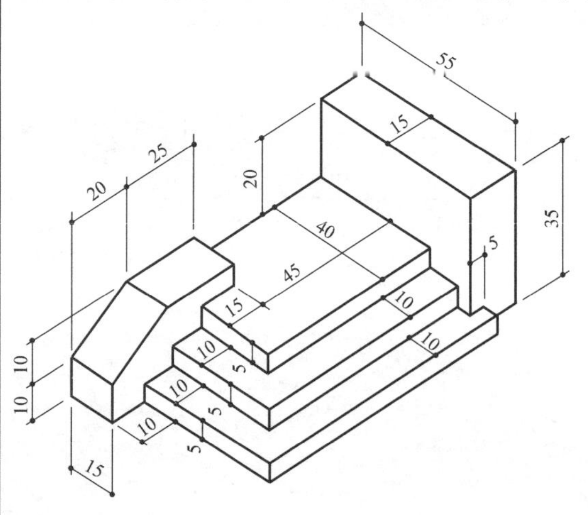

专业________　班级________　学号________　姓名________　成绩________

4－2　根据投影图找立体图(将序号填写在括号内)

(1)

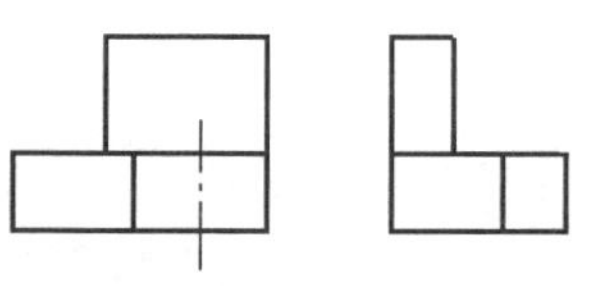

(　　)

(2)

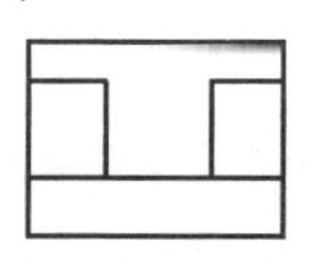

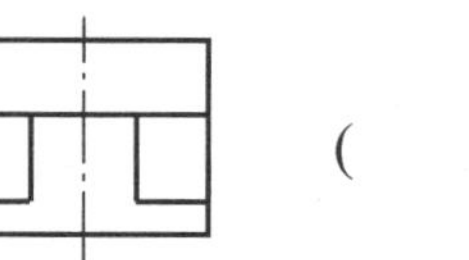

(　　)

(3)

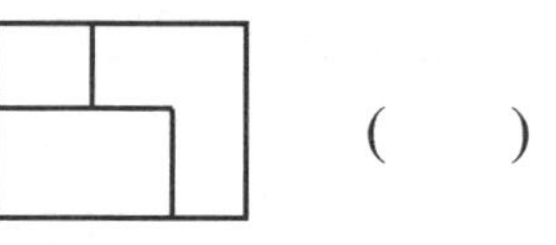

(　　)

(4)

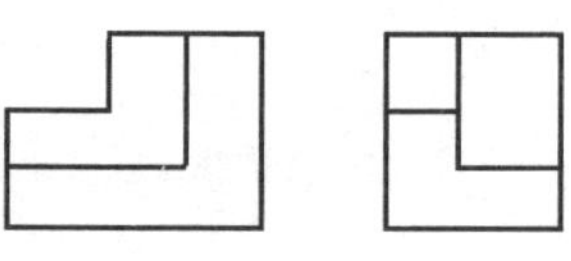

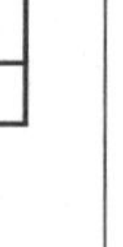

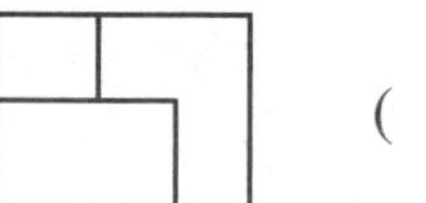

(　　)

(5)

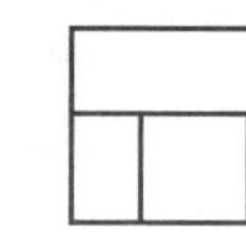

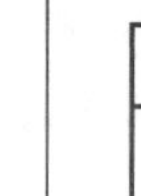

(　　)

(6)

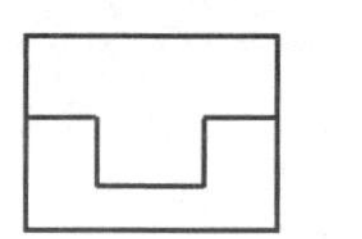

(　　)

①　②

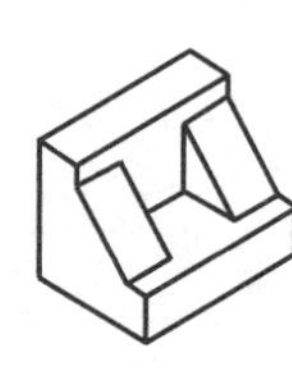

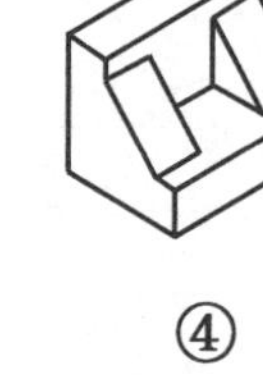

③　④

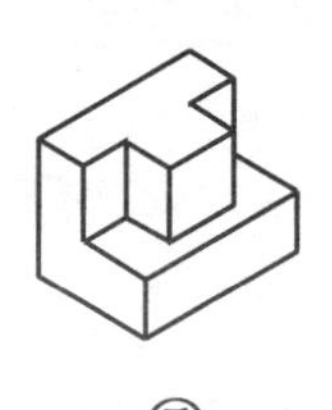

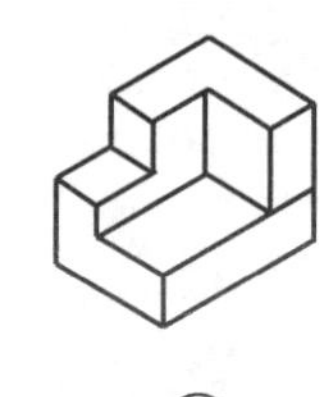

⑤　⑥

专业________ 班级________ 学号________ 姓名________ 成绩________

4－3 补出三面投影图中的缺漏线

(1)

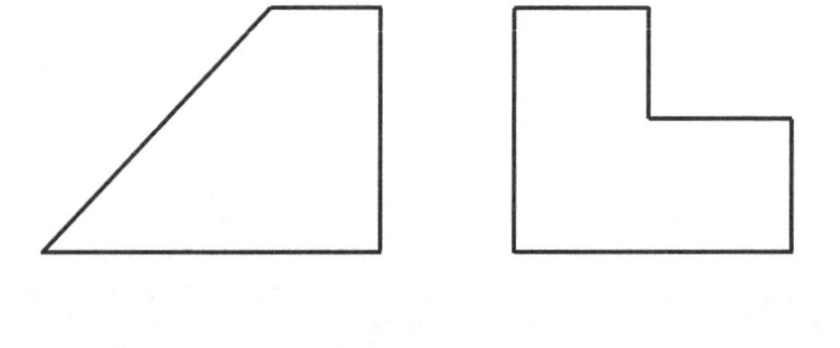

(2)

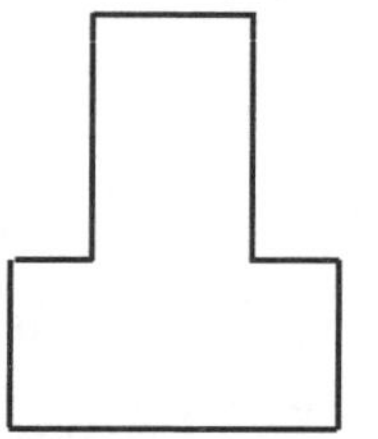

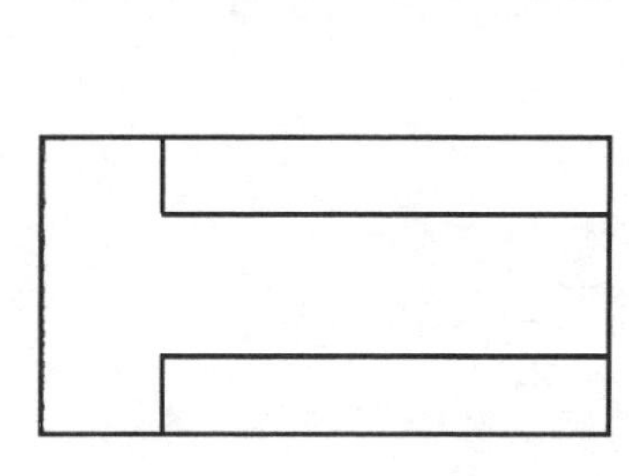

专业________ 班级________ 学号________ 姓名________ 成绩________

4－3 补出三面投影图中的缺漏线

(3)

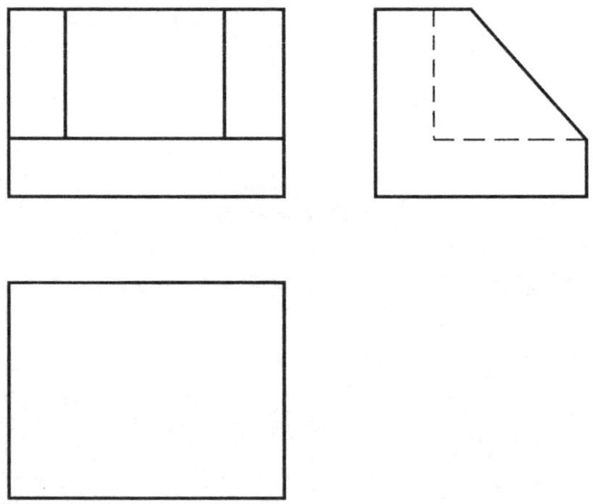

(4)

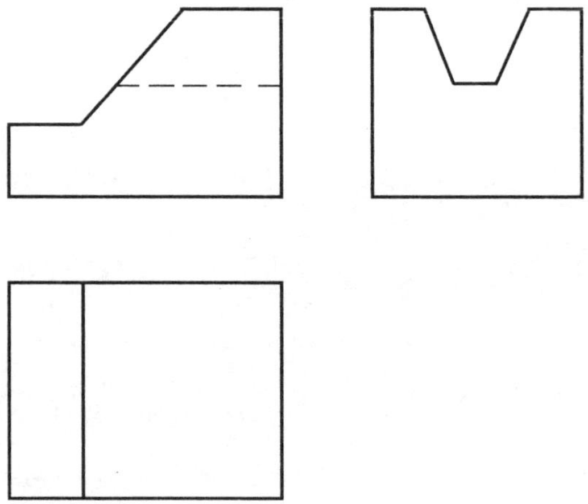

专业________ 班级________ 学号________ 姓名________ 成绩________

4-4 根据两面投影图，完成第三面投影

(1)

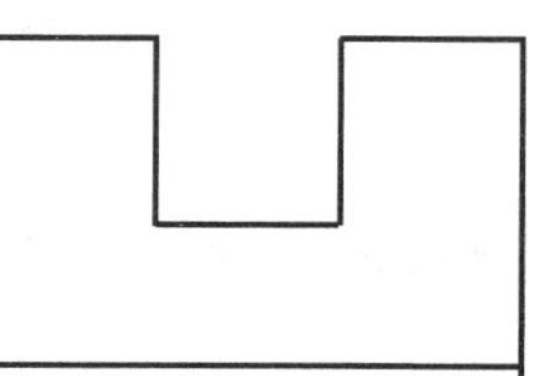

(2)

专业________ 班级________ 学号________ 姓名________ 成绩________

4-4 根据两面投影图,完成第三面投影

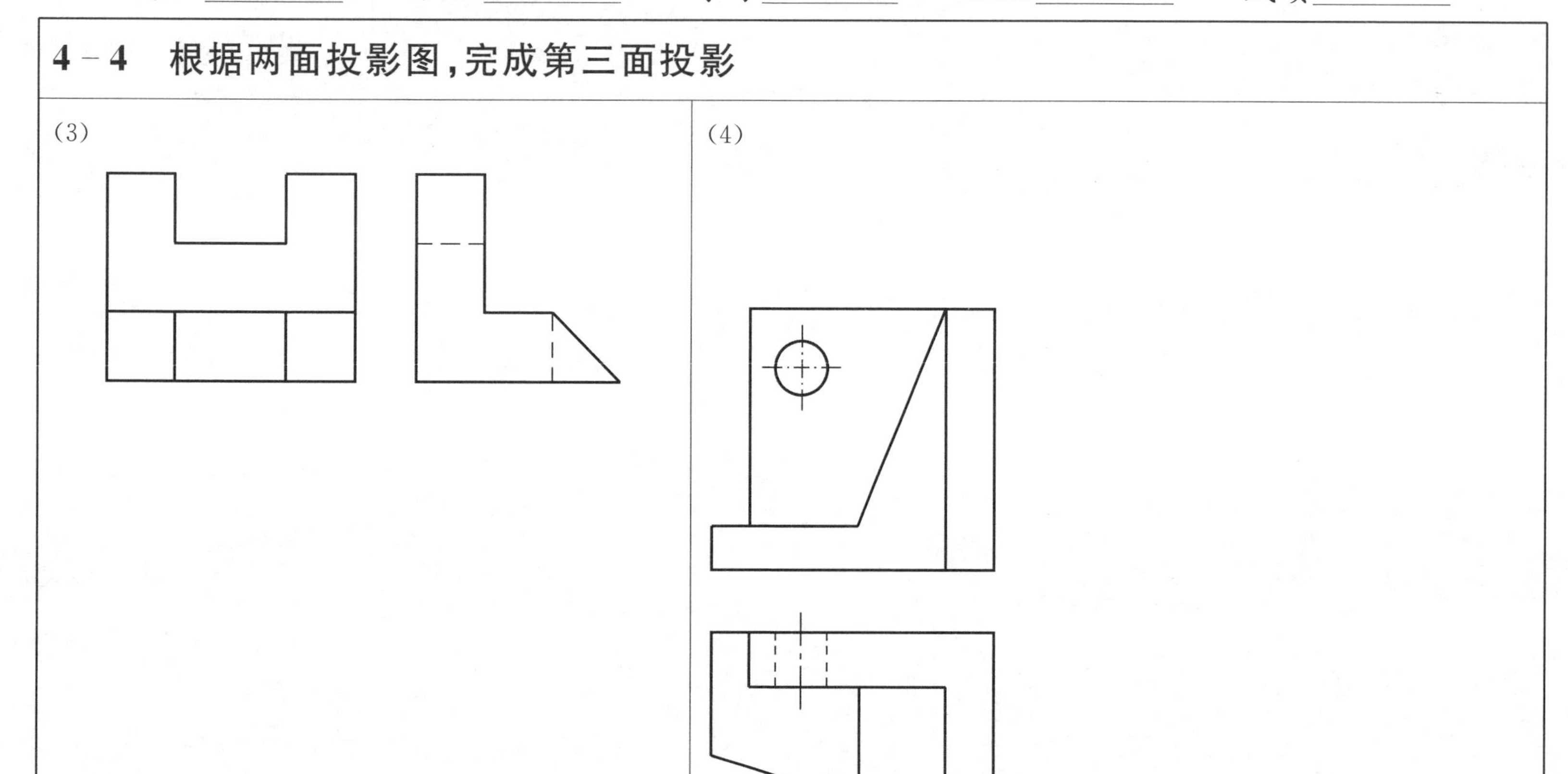

专业________ 班级________ 学号________ 姓名________ 成绩________

第五章 《轴测投影》练习题

5-1 根据形体的投影图，画出其正等测图

(1)

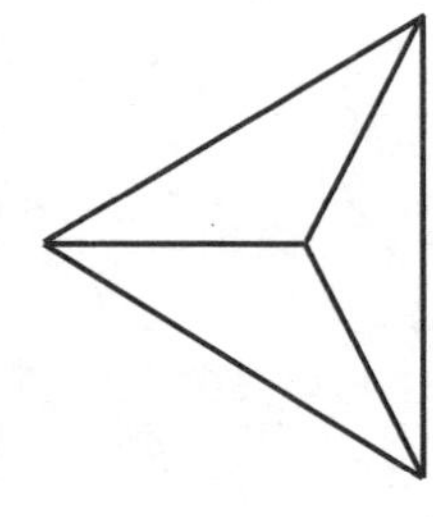

(2)

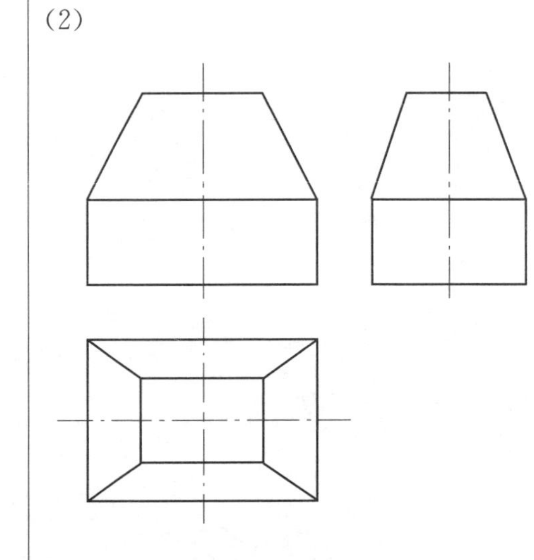

专业________ 班级________ 学号________ 姓名________ 成绩________

5－1 根据形体的投影图,画出其正等测图

(3)

(4)

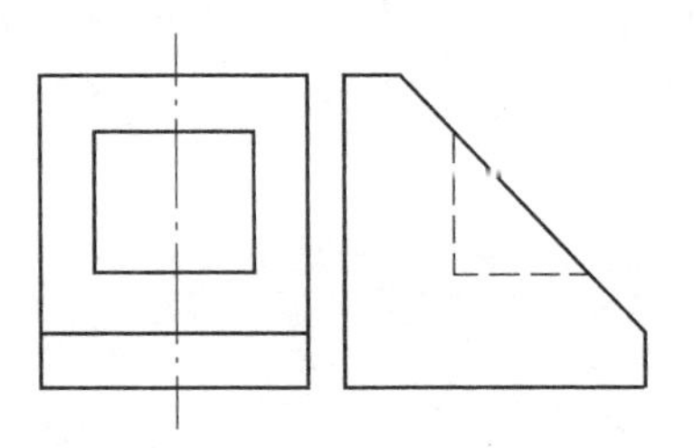

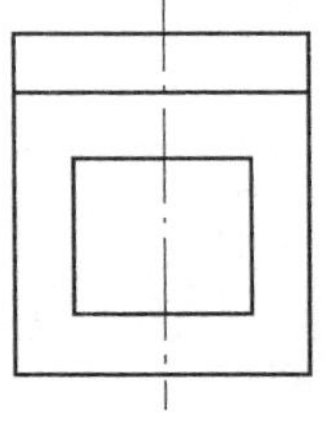

专业________　　班级________　　学号________　　姓名________　　成绩________

5-2　根据形体的投影图，画出其斜二测图

(1)

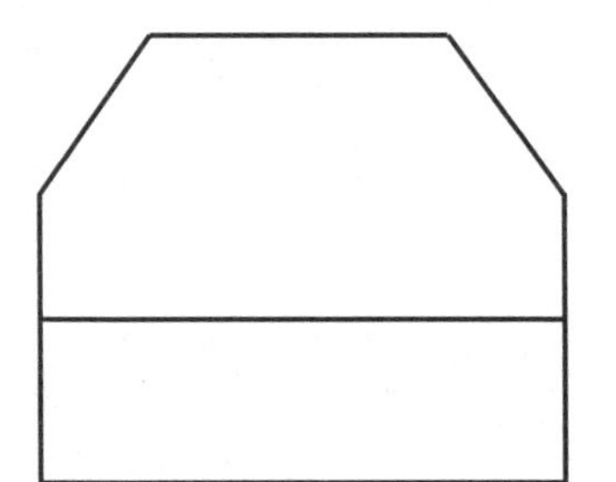

(2)

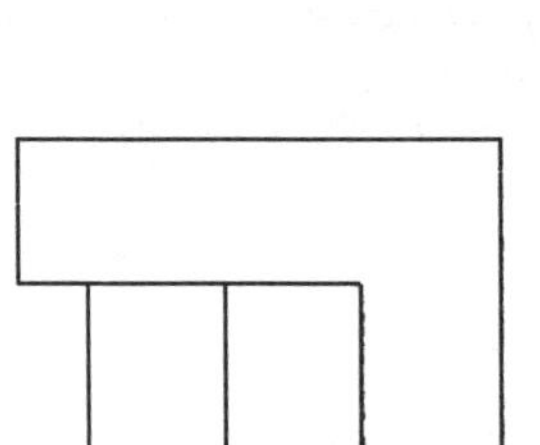

专业________ 班级________ 学号________ 姓名________ 成绩________

第六章 《剖面图与断面图》练习题

6-1 剖面图

(1) 作 1—1 全剖面图。

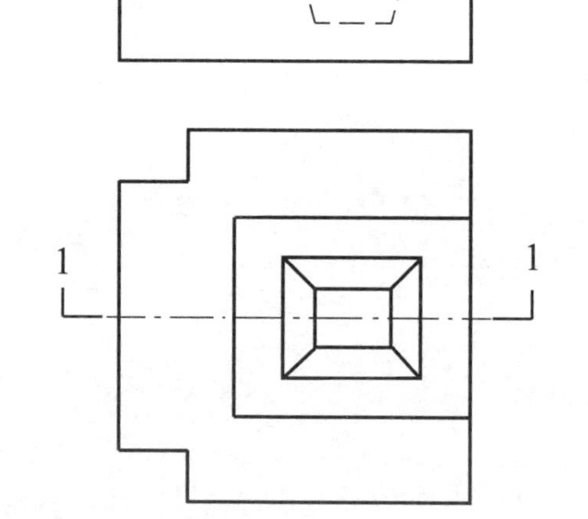

1—1 剖面图

(2) 作 1—1 全剖面图。

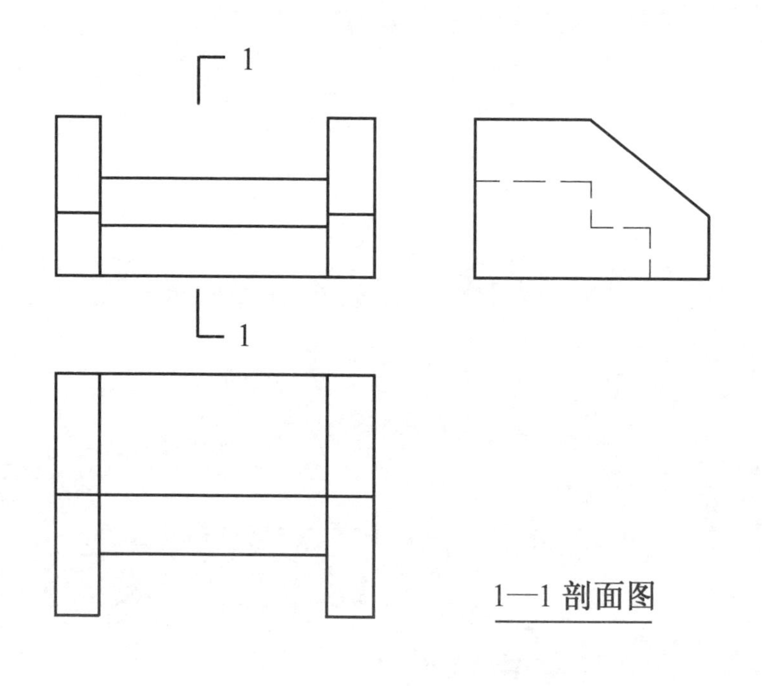

专业________ 班级________ 学号________ 姓名________ 成绩________

6－1 剖面图

(3) 作 1—1 全剖面图。

1—1 剖面图

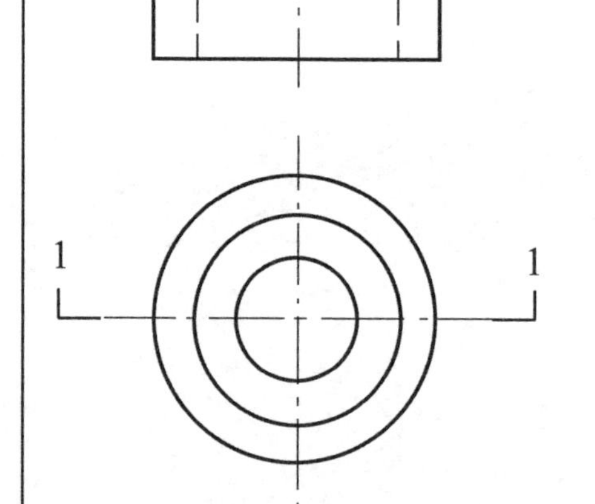

(4) 自定义剖切位置,将侧立面图画成全剖面图。

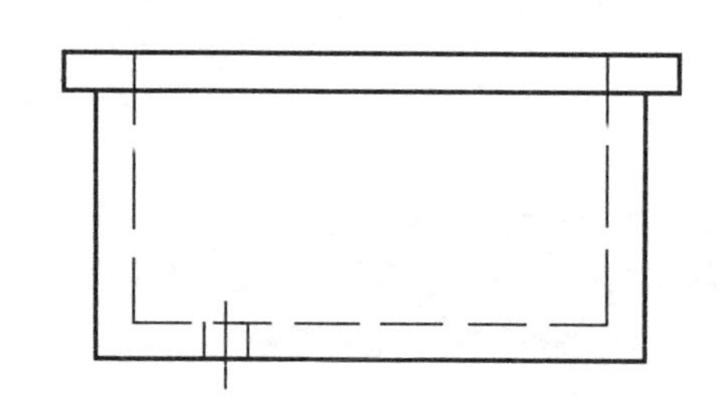

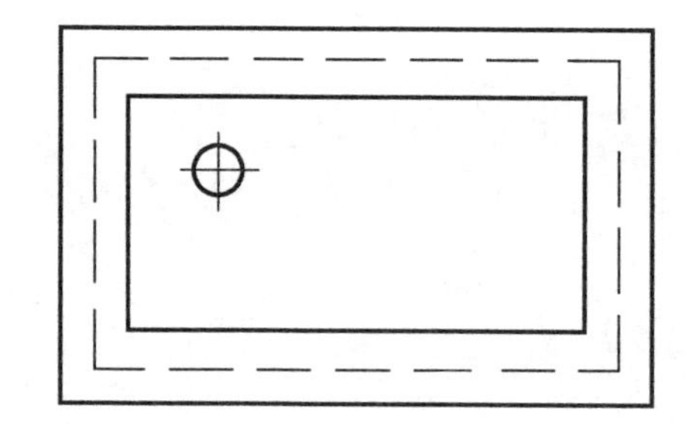

专业________　班级________　学号________　姓名________　成绩________

6－1　剖面图

(5) 作1—1半剖面图。

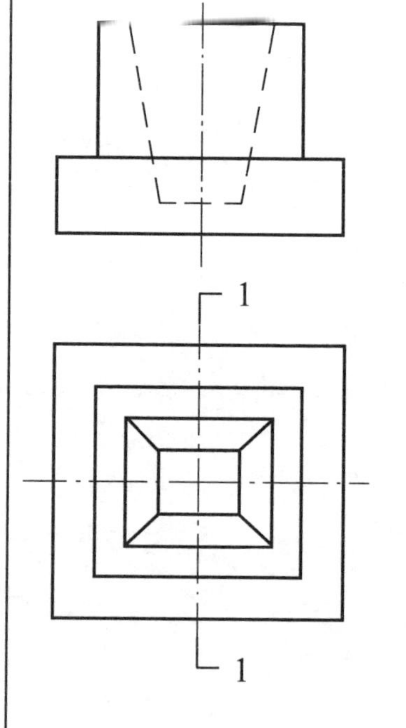

1—1 半剖面图

(6) 根据形体图所示，将正立面图改画成局部剖面图。

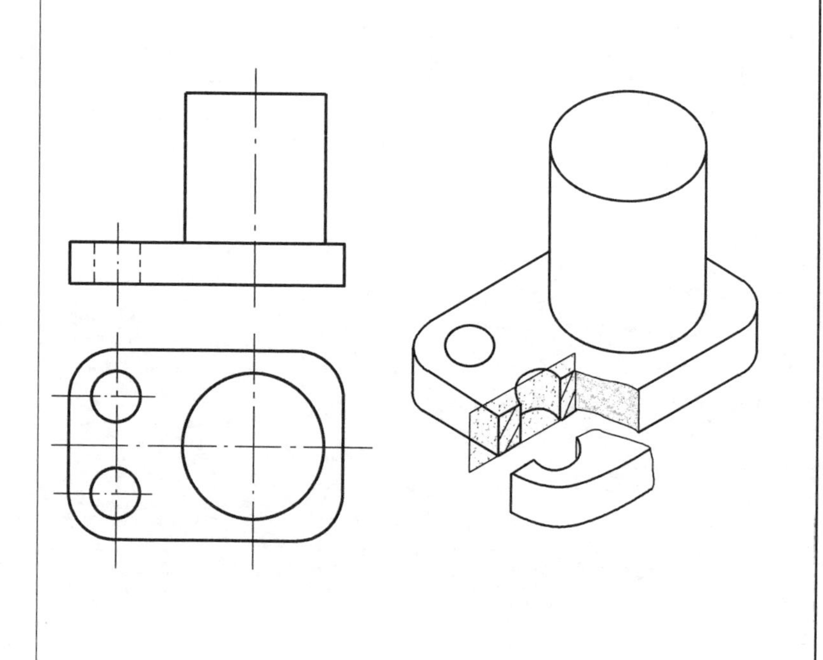

专业________ 班级________ 学号________ 姓名________ 成绩________

6－1 剖面图

(7) 把形体 V 面投影图改画成 1—1 阶梯剖面图。

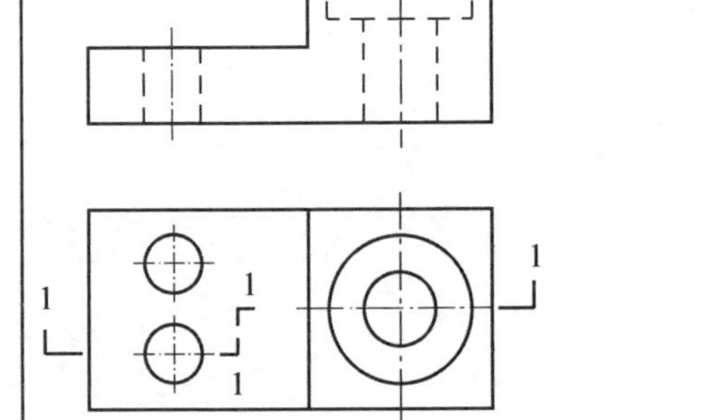

1—1 阶梯剖面图

(8) 已知形体的两面投影，作 1—1 旋转剖面图。

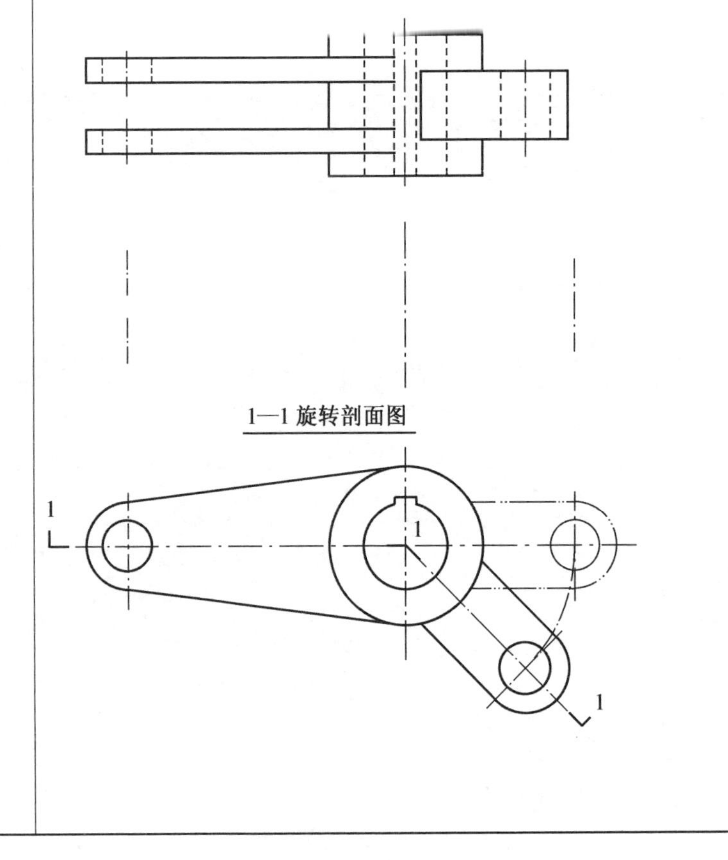

专业________ 班级________ 学号________ 姓名________ 成绩________

6-2 断面图

(1) 根据形体图所示，作下面构件的1—1、2—2、3—3、4—4断面图。

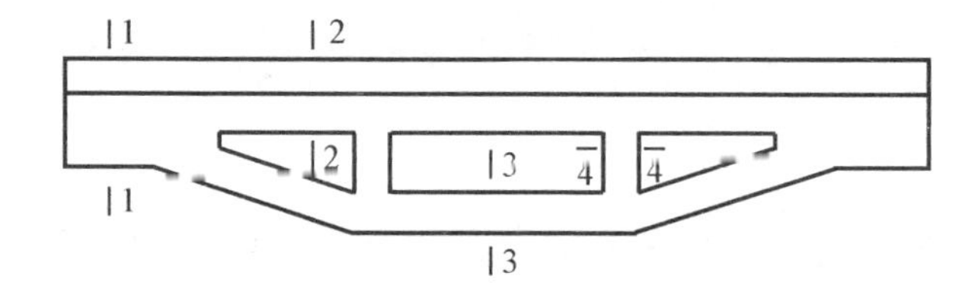

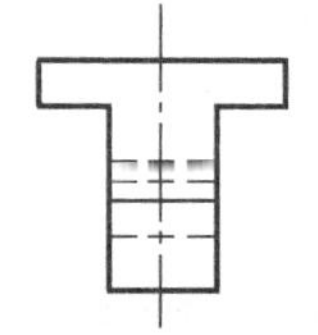

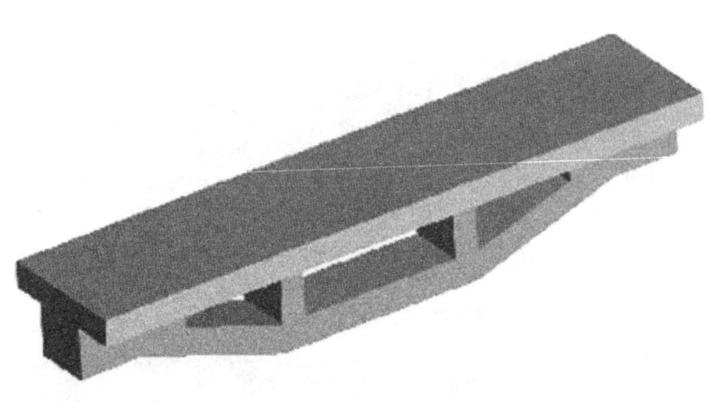

(2) 作下面构件的1—1和2—2断面图。

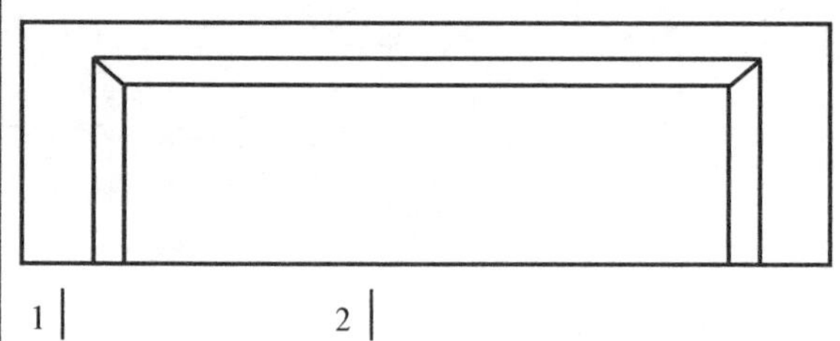

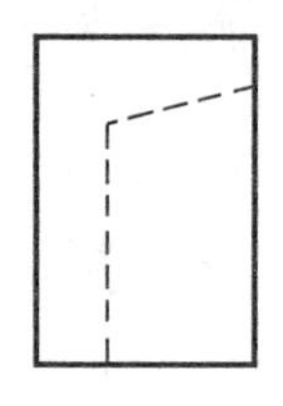

专业________　班级________　学号________　姓名________　成绩________

第七章 《标高投影》练习题

7-1 点、线的标高投影

(1) 如图所示，求直线 AB 的坡度与平距，并求出直线上点 C 的高程。

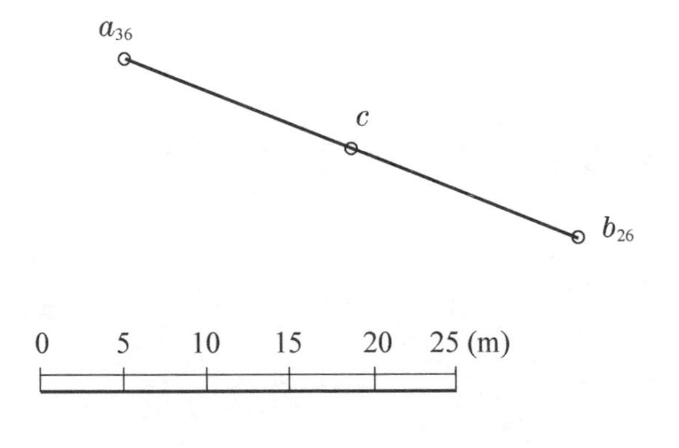

(2) 如图所示，已知直线上 A 点的高程及该直线的坡度，求：(1) 直线上高程为 26.3 m 的点 B；(2) 标注出直线 AB 上各整数高程点。

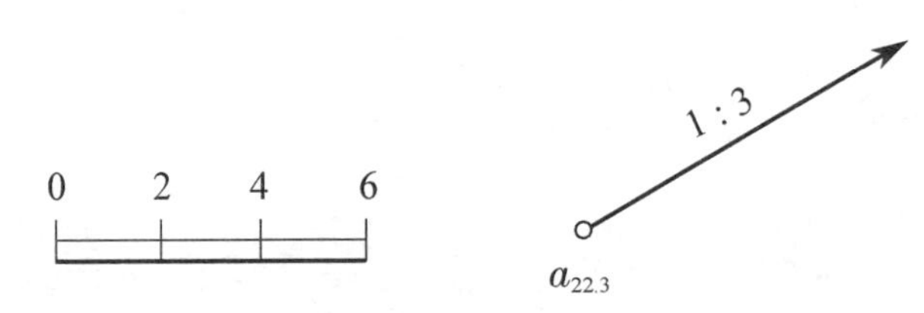

专业________　　班级________　　学号________　　姓名________　　成绩________

7－2　平面的标高投影

(1) 如图所示，求作平面的坡度为 1∶1.5 及其下降方向所确定的平面和以坡度比例尺 P_i 表示的平面 P 的交线。

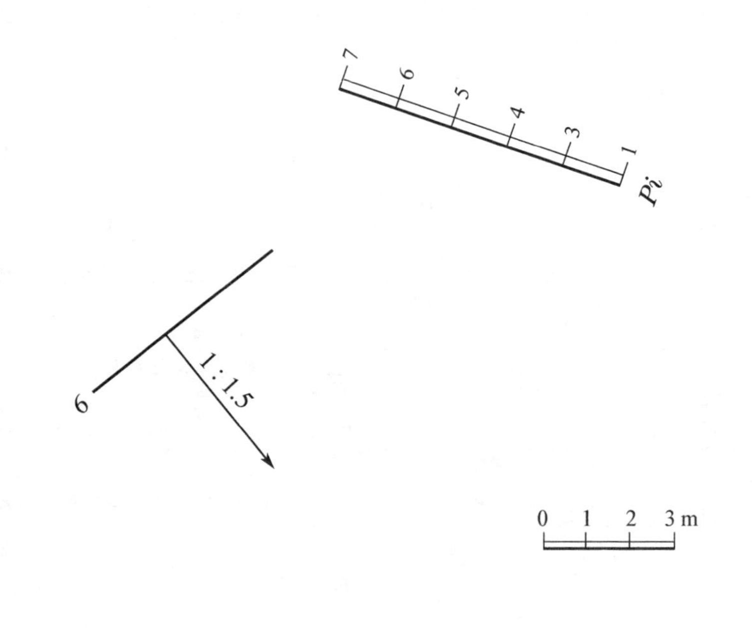

(2) 如图所示，已知斜路堤的倾斜面 $ABCD$ 和两侧以及尽端坡面的坡度，设地面是标高为零的水平基准面，求作路堤坡面与地面及坡面间的交线。

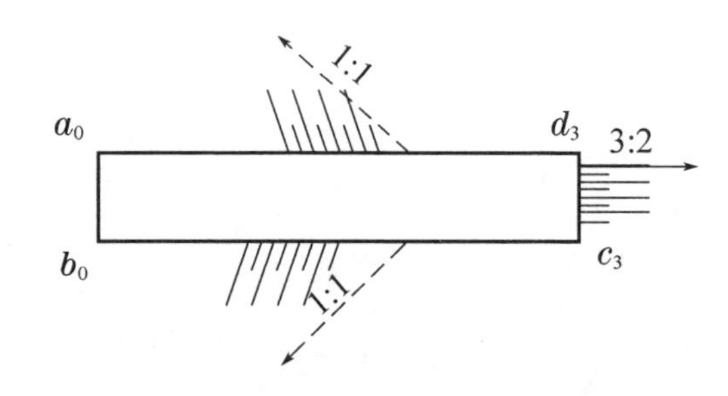

7－2 平面的标高投影

(3) 已知主堤和支堤相交,顶面标高分别为 5 m 和 4 m,地面标高为 2 m,各坡面坡度如图所示,试作相交两堤的坡面交线以及坡面与地面间的交线。

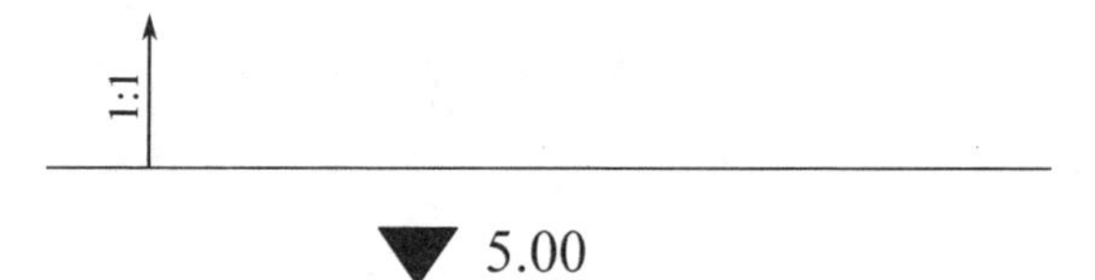

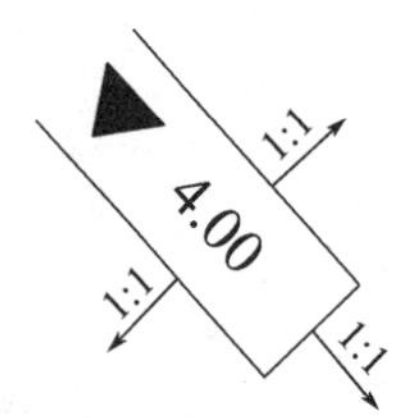

2.00

0 1 2

专业________　班级________　学号________　姓名________　成绩________

7－3　曲面的标高投影

(1) 识读地形图。请在图中填写地貌名称。

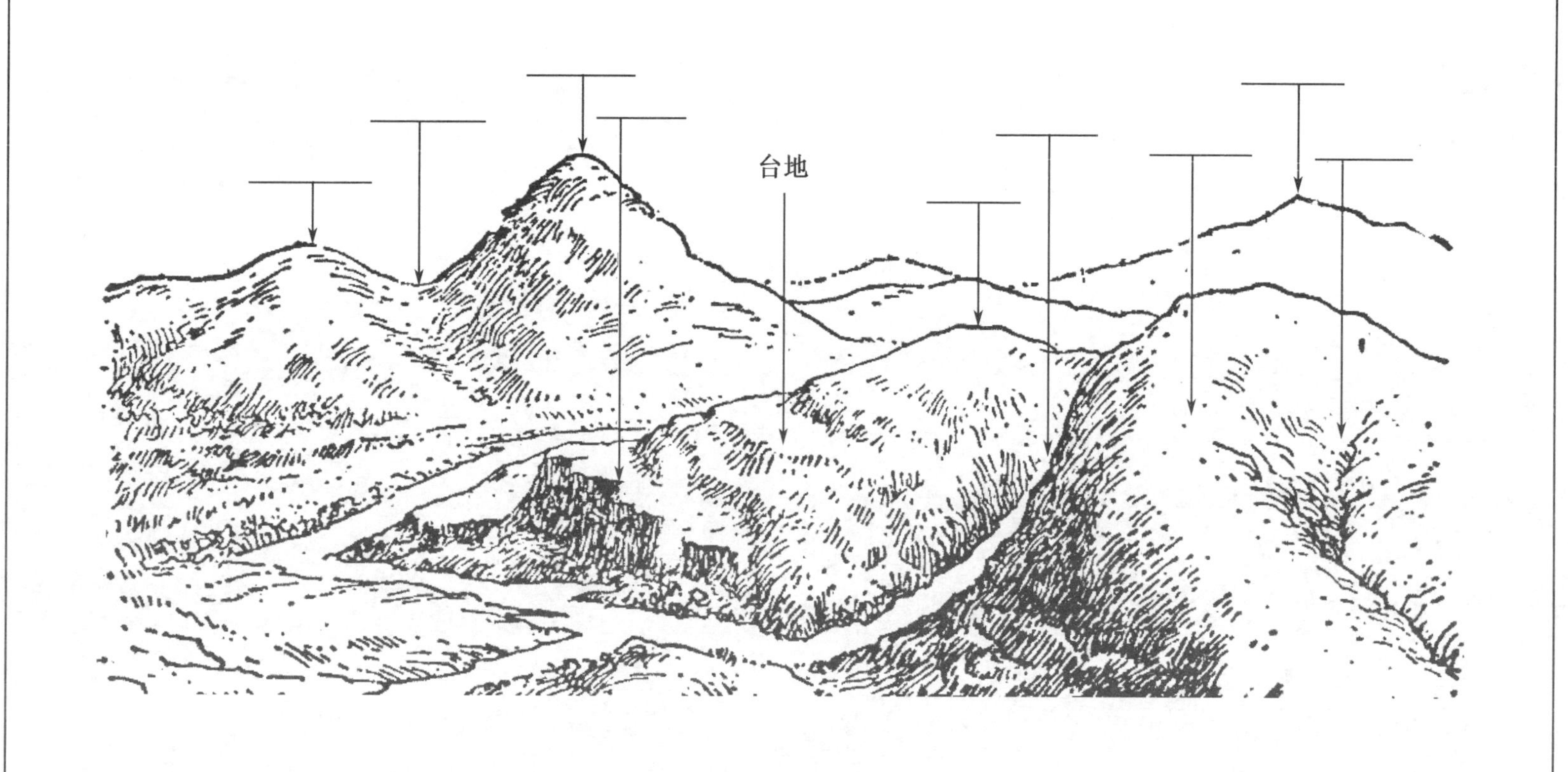

专业________　班级________　学号________　姓名________　成绩________

7-3　曲面的标高投影

(2) 在地形图中标注引出线部分填上地貌名称。

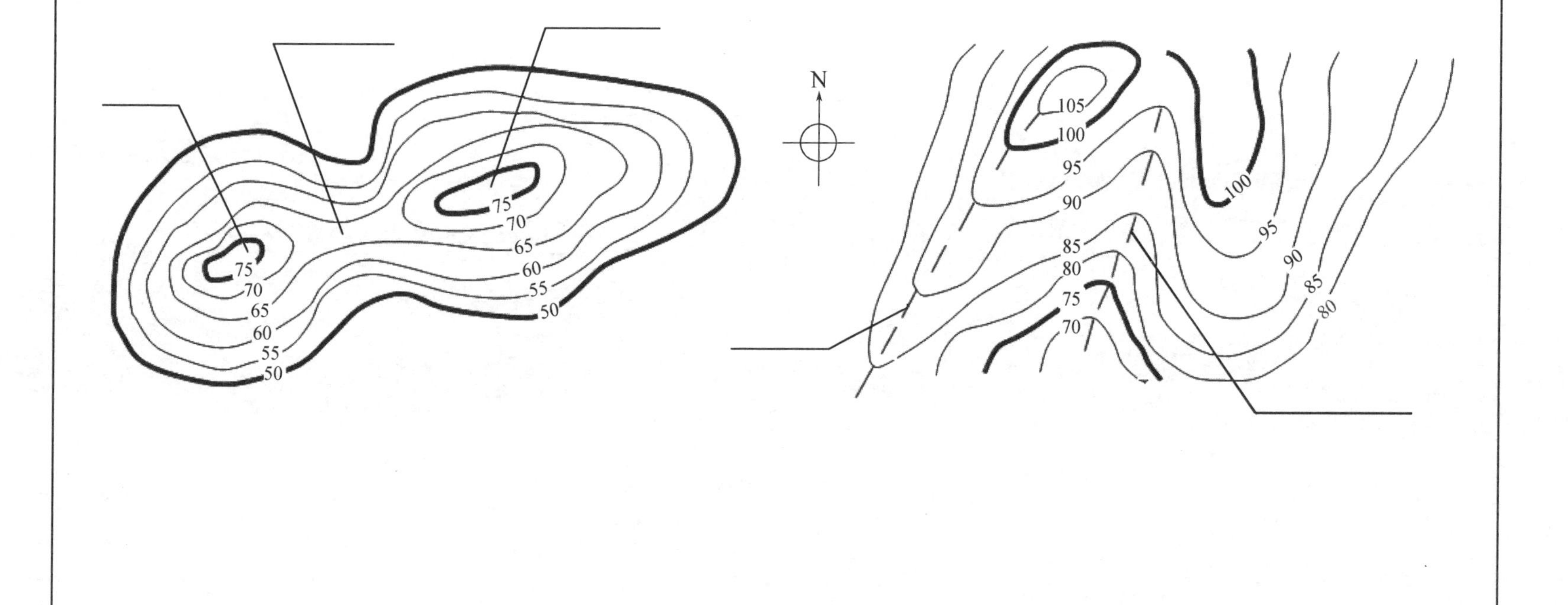

专业________ 班级________ 学号________ 姓名________ 成绩________

7－3 曲面的标高投影

(3) 求坡平面与地形面的交线。

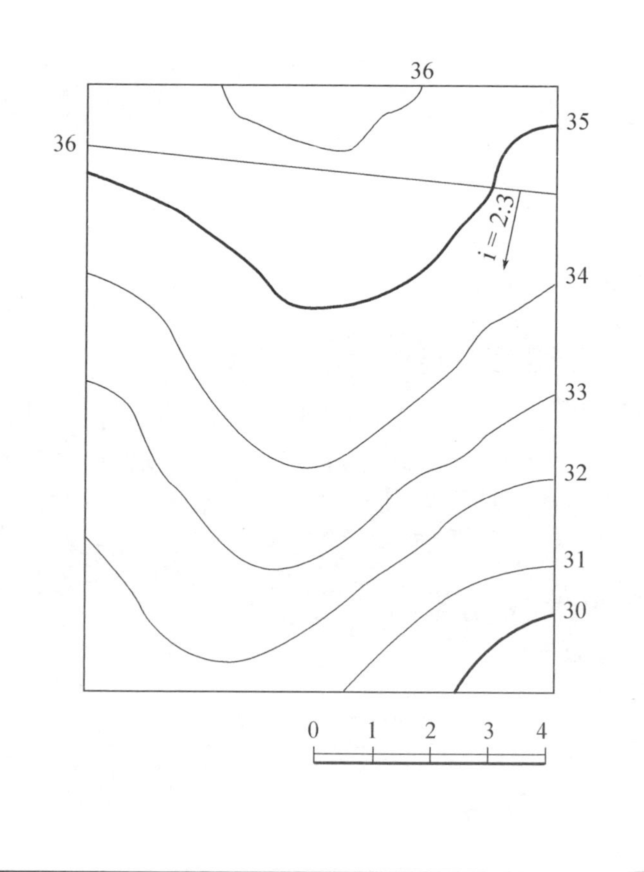

(4) 沿着管道 AB 的位置画地形断面图，并将直线 AB 的地上部分画为实线，地下部分画为虚线。

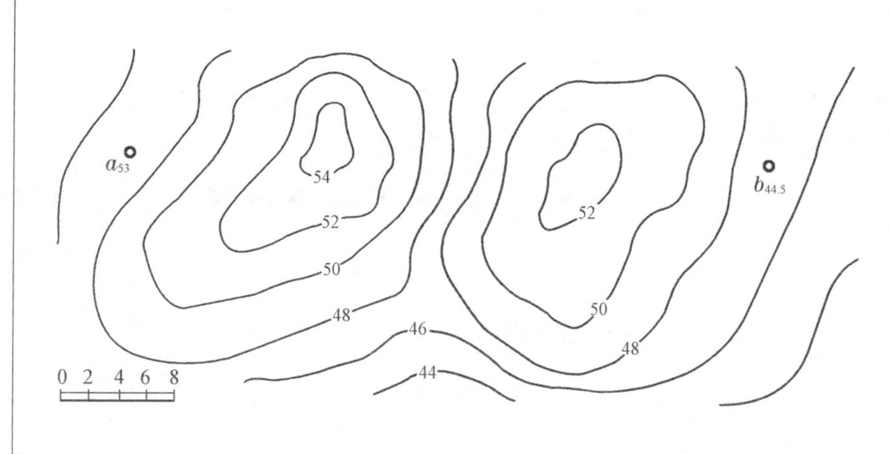

专业________ 班级________ 学号________ 姓名________ 成绩________

7－3 曲面的标高投影

(5) 在堤坝与河岸的相交处筑有护坡，堤坝、护坡、河岸的顶面标高均为 5 m，河底标高为－3 m，求作各坡面交线和坡脚线。

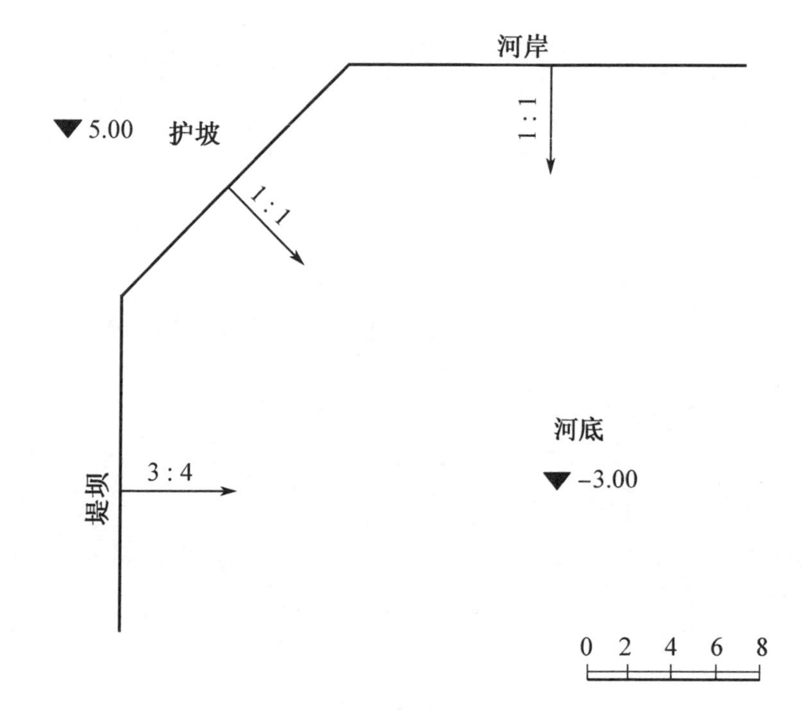

专业________ 班级________ 学号________ 姓名________ 成绩________

7－3 曲面的标高投影

(6) 在地面上筑一表标高为 35 m 的圆形广场，填方坡度为 1∶1.5，挖方坡度为 1∶1，求作填挖方的坡脚线。

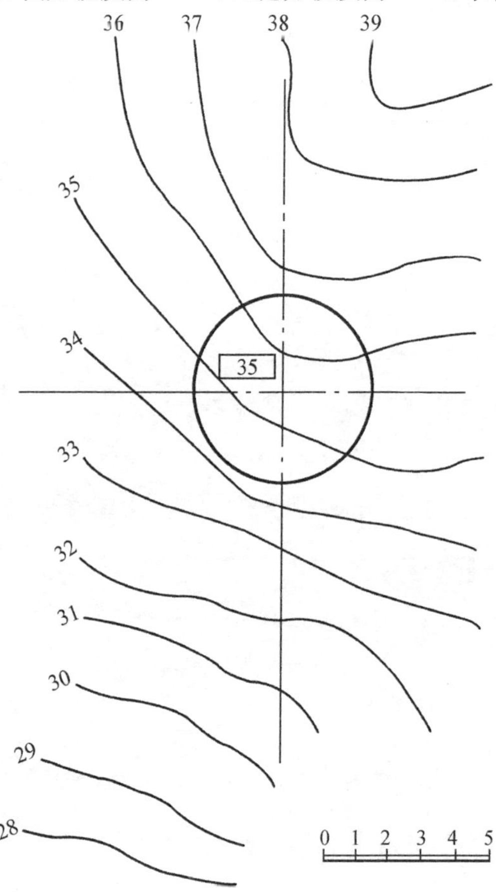

专业________　　班级________　　学号________　　姓名________　　成绩________

7－3　曲面的标高投影

(7) 在地面上修筑一条道路，路面高程为 54 m，公路两侧的边坡，填方为 1∶1.5，挖方为 1∶1，求作挖填边界线。

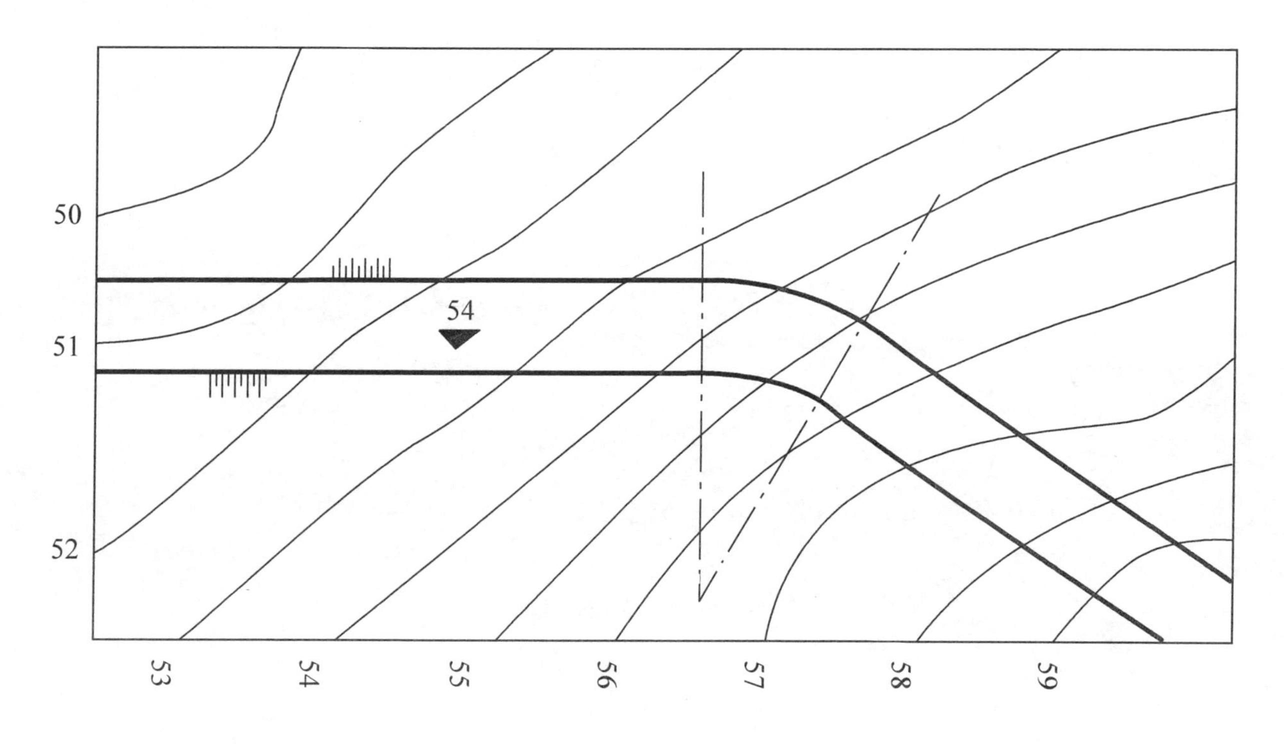

参考文献

[1] 张艳芳. 建筑构造与识图习题与实训[M]. 2 版. 北京:人民交通出版社,2012.

[2] 邓建平,赵岱峰,涂辉. 建筑制图与识图习题集[M]. 南京:南京大学出版社,2012.

[3] 莫章金,毛家华. 建筑工程制图与识图习题集[M]. 3 版. 北京:高等教育出版社,2015.

[4] 樊琳娟. 工程制图习题集[M]. 北京:人民交通出版社,2005.

[5] 王丽红,刘晓光. 建筑制图与识图习题集[M]. 北京:北京理工大学出版社,2015.

[6] 夏文杰,王强. 建筑制图习题集[M]. 北京:人民交通出版社,2012.